柔性直流电网工程技术丛书

高压直流断路器运检技术

柔性直流电网工程技术丛书编委会　组编

中国电力出版社

CHINA ELECTRIC POWER PRESS

内 容 提 要

本书为柔性直流电网工程技术丛书之一，以张北柔性直流电网示范工程为例，全面且深入地介绍了高压直流断路器的发展历程、结构和原理、运行维护技术、检修更换技术，同时还详细剖析了实际运行过程中的典型故障案例及相应分析，全书共分为5章。

书中所采用的实物照片、三维图像及检修更换照片皆由工程人员实地拍摄、精心制作而成。编写过程中充分参照了张北柔性直流电网示范工程高压直流断路器运行维护手册、换流站现场运行规程、高压直流断路器检修维护说明等多项技术资料，并得到了许继集团有限公司、南京南瑞继保电气有限公司、思源电气股份有限公司、北京电力设备总厂以及中电普瑞电力工程有限公司在全书的总体结构以及关键技术点上的大力支持和专业指导。

本书主要针对换流站运检人员，致力于提升其技能水平，保障柔性直流输电系统安全稳定运行。同时，也对相关电力技术研究人员具有一定的参考价值。

图书在版编目（CIP）数据

高压直流断路器运检技术/柔性直流电网工程技术丛书编委会组编. --北京：中国电力出版社，2024.12.（柔性直流电网工程技术丛书）. -- ISBN 978 - 7 - 5198 - 9253 - 1

Ⅰ. TM561

中国国家版本馆 CIP 数据核字第 2024169HV5 号

出版发行：中国电力出版社
地　　址：北京市东城区北京站西街 19 号（邮政编码 100005）
网　　址：http://www.cepp.sgcc.com.cn
责任编辑：雷　锦　李耀阳
责任校对：黄　蓓　常燕昆
装帧设计：赵姗姗
责任印制：吴　迪

印　　刷：廊坊市文峰档案印务有限公司
版　　次：2024 年 12 月第一版
印　　次：2024 年 12 月北京第一次印刷
开　　本：710 毫米×1000 毫米　16 开本
印　　张：12.5
字　　数：232 千字
定　　价：86.00 元

《柔性直流电网工程技术丛书》编委会

前　言

近年来，柔性直流输电技术发展迅速，常规点对点直流输电方式已难以满足多端送电站将清洁的新能源送出的需求，柔性直流输电网络化技术逐渐引起人们的关注，而柔性直流输电的换流阀是由大量功率器件组成，大功率电力电子器件由于故障耐受能力不强，当直流输电网中出现故障后，难以满足快速切除故障的要求，为了保障直流输电系统的可靠稳定运行，柔性直流输电网络对高压直流断路器等设备也提出了更为迫切的需求。为提高换流站运检人员的技能水平，保障柔性直流输电系统的安全稳定运行，特组织编写柔性直流输电系统高压直流断路器运检技术培训教材。

本书为柔性直流电网工程技术丛书之一，以张北柔性直流电网示范工程为例，介绍了高压直流断路器的发展历程、结构和原理、运行维护技术、检修更换技术以及实际运行过程中的典型故障案例及分析。全书分为 5 章，主要内容有高压直流断路器概述、高压直流断路器原理及结构、高压直流断路器运行维护技术、高压直流断路器检修技术、高压直流断路器故障案例及分析。本书中的实物照片、三维图像及检修更换照片均为工程人员实地拍摄、制作。

本书的编写是在国网冀北电力有限公司的直接领导和关怀下完成的，同时依托河北省柔性直流输电装备与技术实证重点实验室这一卓越平台，凭借其先进的设备、专业的科研团队以及浓厚的学术氛围，我们在编写过程中得以持续探索创新，将前沿的研究成果与丰富的实践经验完美融入其中。本书在编写过程中以张北柔性直流电网示范工程高压直流断路器运行维护手册、换流站现场运行规程、高压直流断路器检修维护说明等技术资料为依据编写。

本书由国网冀北电力有限公司超高压分公司组织编写，在此过程中得到了许继集团有限公司、南京南瑞继保电气有限公司、思源电气股份有限公司、北京电力设备总厂以及中电普瑞电力工程有限公司的大力支持，他们在全书的总体结构以及关键技术点上予以指导，在此致以衷心的感谢，同时也感谢所有为本书编写付出辛勤努力的人。

限于作者水平，书中难免存在不足之处，敬请广大读者批评指正。

编者

2024 年 6 月

目　录

前言

第1章　高压直流断路器概述 ················ 1

1.1　柔性直流输电技术概述 ······················· 1
　1.1.1　柔性直流输电技术发展历程 ··············· 1
　1.1.2　柔性直流输电技术的特点 ················· 1
1.2　高压直流断路器的意义 ······················· 2
1.3　高压直流断路器的技术路线 ··················· 3
1.4　高压直流断路器发展历程 ····················· 4
　1.4.1　全固态式高压直流断路器 ················· 4
　1.4.2　混合式高压直流断路器 ··················· 4
　1.4.3　机械式高压直流断路器 ··················· 6
1.5　高压直流断路器在张北工程中的应用 ··········· 9

第2章　高压直流断路器原理及结构 ·········· 13

2.1　混合式高压直流断路器原理结构 ··············· 13
　2.1.1　混合式高压直流断路器基本结构 ··········· 13
　2.1.2　混合式高压直流断路器工作原理 ··········· 17
　2.1.3　混合式高压直流断路器二次系统 ··········· 19
　2.1.4　混合式高压直流断路器辅助系统 ··········· 23
2.2　耦合负压式高压直流断路器原理结构 ··········· 26
　2.2.1　耦合负压式高压直流断路器基本结构 ······· 27
　2.2.2　耦合负压式高压直流断路器工作原理 ······· 28
　2.2.3　耦合负压式高压直流断路器二次系统 ······· 30
　2.2.4　耦合负压式高压直流断路器辅助系统 ······· 33

2.3　机械式高压直流断路器原理结构 ················· 34
   2.3.1　机械式高压直流断路器基本结构 ············· 35
   2.3.2　机械式高压直流断路器工作原理 ············· 38
   2.3.3　机械式高压直流断路器二次系统 ············· 41
   2.3.4　机械式高压直流断路器辅助系统 ············· 42

第3章　高压直流断路器运行维护技术 ·············· 44

3.1　高压直流断路器高压设备运行维护 ··············· 44
   3.1.1　日常巡视项目、巡视周期 ················· 47
   3.1.2　日常操作流程 ························· 49
   3.1.3　典型操作任务 ························· 51
   3.1.4　高压直流断路器维护项目 ················· 55
   3.1.5　故障及异常处理 ······················· 58
3.2　高压直流断路器二次系统运行维护 ··············· 63
   3.2.1　控制保护系统总体架构 ··················· 63
   3.2.2　控制保护系统基本操作 ··················· 64
   3.2.3　人机界面操作 ························· 67
3.3　高压直流断路器水冷系统运行维护 ··············· 77
   3.3.1　水冷系统运行维护 ····················· 78
   3.3.2　水冷系统操作模式选择和常规运行维护操作介绍 ········· 81
   3.3.3　水冷系统常见故障及解决方法 ··············· 82

第4章　高压直流断路器检修技术 ·············· 86

4.1　高压直流断路器例行检修项目 ················· 86
4.2　混合式高压直流断路器检修 ··················· 94
   4.2.1　检修维护前期准备 ····················· 94
   4.2.2　主要元器件更换 ······················· 95
4.3　耦合负压式高压直流断路器检修 ················· 125
   4.3.1　检修前期准备 ························· 125
   4.3.2　主要元器件更换 ······················· 127
4.4　机械式高压直流断路器检修 ··················· 133
   4.4.1　检修维护前期准备 ····················· 133
   4.4.2　主要元器件更换 ······················· 135

第5章　高压直流断路器故障案例及分析 ············ 152

5.1　混合式高压直流断路器典型故障案例 ················· 152
5.1.1　耗能支路避雷器动作误报案例 ················· 152
5.1.2　主供能变压器端盖盒内光纤弯折问题案例 ············· 152
5.1.3　主供能变压器漏气故障案例 ················· 154
5.1.4　机械开关分闸失败故障案例 ················· 157
5.1.5　主支路电力电子模块电源板卡故障案例 ············· 159
5.1.6　供能系统UPS发热问题故障案例 ············· 161

5.2　耦合负压式高压直流断路器典型故障案例 ············· 162
5.2.1　机械开关合闸状态异常故障案例 ············· 162
5.2.2　耦合负压充电回路故障案例 ················· 164
5.2.3　机械开关故障导致长期禁分禁合故障案例 ············· 167
5.2.4　耦合负压装置过压告警故障案例 ············· 168
5.2.5　本体保护B报差动保护动作故障案例 ············· 169
5.2.6　供能柜过负荷保护跳闸故障分析 ············· 170

5.3　机械式高压直流断路器典型故障案例 ············· 171
5.3.1　第一次合闸失败故障案例 ················· 171
5.3.2　快分失败后自保护合闸失败故障案例 ············· 176
5.3.3　第二次合闸失败故障案例 ················· 178
5.3.4　直流断路器驱动柜电子变压器异常故障案例 ············· 181
5.3.5　高压直流断路器过电压故障案例 ············· 183
5.3.6　高压直流断路器合闸后避雷器异常故障案例 ············· 184

参考文献 ·················· 187

第 1 章

高压直流断路器概述

1.1 柔性直流输电技术概述

1.1.1 柔性直流输电技术发展历程

在 20 世纪 70 年代，伴随着晶闸管这类电力电子元件和微处理器技术的迅猛发展，高压直流输电技术迎来了显著的革新和发展。到了 20 世纪 90 年代，随着全控型电力电子器件的兴起，科研人员将直流输电系统中使用的组件由部分可控的晶闸管更新为完全可控制的电子器件，如绝缘栅双极型晶体管（IGBT）、集成门极换流晶闸管（IGCT）等。此外，利用电压源换流器（VSC）的设计方案最早是由来自加拿大麦吉尔大学的 Boon-Teck 和他的同事们在 1990 年提出的。2002 年，慕尼黑联邦国防军大学的研究者推出了建立在模块化多电平换流器（MMC）上的先进多电平转换技术的原型。

柔性直流输电最初由 ABB 公司于 1997 年在瑞典建成首个工业性试验系统，输电功率为 3MW，电压等级为±10kV，输电距离为 10km。柔性直流传输技术的演进分为两个时期：首个时期覆盖 1990—2010 年，在此时段内，主流的变流设备是双层或三层 VSC，采纳的核心理念为脉冲宽度调制（PWM）理论，这一时期 ABB 公司基本占据了技术控制权；随后的时期从 2010 年至今，其显著的标志是 2010 年美国旧金山的 Trans Bay Cable 柔性直流输电项目正式投入运行，该项目由西门子公司主导，所使用的变流器是 MMC，技术理念以阶梯波形的逼近为主。我国在柔性直流输电技术领域的探索大约始于 2006 年，国家电网公司明确了《柔性直流输电系统关键技术研究框架》，这一举措象征着对该技术研究的正式开展。2011 年，我国首个柔性直流输电示范项目在上海南汇区启动，这一里程碑事件预示着我国在该技术领域的迅猛发展序幕已经揭开。

1.1.2 柔性直流输电技术的特点

柔性直流输电技术相对于传统高压直流输电技术，具有以下几个方面优势：

（1）高效性：柔性直流输电技术采用半导体器件或换流阀等设备，使得直流输电的能量传输损失降低，从而提高电力传输的效率。

（2）稳定性：柔性直流输电技术控制灵活，功率、电压、电流等参数能够高精度控制，可以保证电源侧和负荷侧的电压、电流、频率等参数始终处于稳定状态。

（3）可靠性：柔性直流输电技术中的主要控制电路和元器件都采用高可靠性的电子元件，具备高度可靠性和安全性，能够有效地提高电网的稳定性和可靠性。

（4）灵活性：柔性直流输电技术通过电力电子器件实现电力系统的调节和控制，能够对接入电力系统中各个部分进行定制化的调节和控制，具备很好的灵活性。

（5）环保节能：柔性直流输电技术可通过优化电力系统配置，提高电气能量的利用效率及降低能耗，对于减少对传统能源的依赖、降低碳排放、保护环境等方面有非常重要的作用。

总之，柔性直流输电技术具备高效、稳定、可靠、灵活、环保等多重特性，是电力系统建设方面的重要技术措施之一，将会在未来实现更高质量、更安全、更节能的电力传输和供给。

1.2　高压直流断路器的意义

传输电能的柔性直流技术因采用电压型换流装置，在实际应用中一旦发生地面短路故障，受限于系统接地的电阻较低及迅速作出反应的特性，会导致故障迅速蔓延，使得排除故障过程异常复杂。如今，制约这一技术广泛运用于高压输电领域的一大技术挑战，是缺乏功能合格的故障隔断装备，以高压直流断路器为典例。

在直流输电及分配系统的正常运营、监管与保障中，高压直流断路器扮演着关键性角色。其具备在直流输电网中的电路里接收并隔断电流的能力。一旦系统发生异常，断路器能迅速隔断巨大的故障电流，这对于提升直流输电网的稳固性、信赖度及调节性具有重要意义。

高压直流断路器可实现柔性直流输电系统故障后健全子系统的稳定运行和网络重构，大幅度降低故障电流对换流站设备和交流系统的冲击，实现单个换流站和直流线路的快速带电投退，并在故障清除后实现系统的快速启动，解决因直流系统电压不存在自然过零点导致无法开断的难题，是柔性直流输电系统中最为核心的设备之一。

高压直流断路器主要面临两个核心问题：一是由于直流电路中电流无固有过零点，故无法直接借鉴交流断路技术中已广泛使用的熄灭火花方法；二是直流系统内的感性元素蓄积了大量能量，大大提高了切断直流故障电流的难度。

因此，高压直流断路器的研制方向为：

（1）开断电流，熄灭电弧。

（2）采用措施针对感应产生的断电过电压进行遏制，并回收感应电路积累的电能。

1.3　高压直流断路器的技术路线

高压直流断路器的设计原型繁复且多种多样，依据其中核心开关部件的差异归为三大类型：采用机械动作的高压直流断路器、纯粹由固态元件构成的高压直流断路器，以及机械和固态两种开关部件相互融合的混合型高压直流断路器。这些类型的高压直流断路器还呈现出各不相同的具体实施方式和构造布局。

目前，随着柔性直流输电领域的快速发展，高压直流断路器也在迅速发展壮大，根据设备工作原理和辅助设备的不同，三种主要技术路线的高压直流断路器也在不断发展衍生。基于全控半导体器件的固态式高压直流断路器由于其运行损坏率高等缺点慢慢淡出历史舞台，混合式高压直流断路器发展出自然换流型及强迫换流型两种大类，并均已发展成熟；机械式高压直流断路器由于其成熟的交流开断原理也出现了"人工电流零点"法和限流开断型两种。下文将详细介绍各技术路线直流断路器的发展与原理。高压直流断路器技术路线如图 1-1 所示。

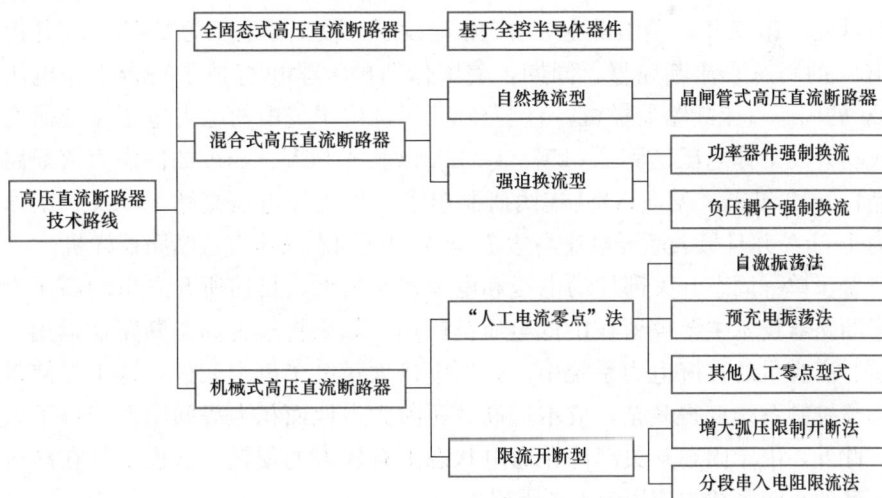

图 1-1　高压直流断路器的技术路线

3

1.4 高压直流断路器发展历程

1.4.1 全固态式高压直流断路器

随着电力电子元器件的兴起和进步，在20世纪70年代后期开始逐步采用晶闸管作为主要切换部件的断电设备。在20世纪80～90年代期间，伴随着全控型器件的问世，固态高压直流断路器技术得到了飞速的提升。全固态式高压直流断路器的核心结构组成如图1-2所示，其主要分为电力电子的固态切换和能量吸收分路这两大模块。

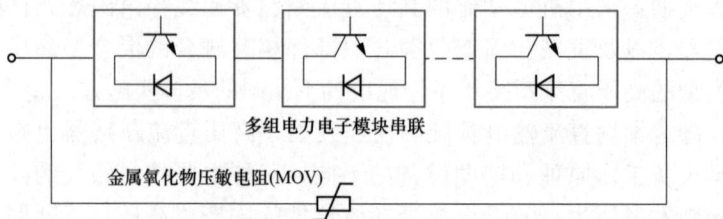

多组电力电子模块串联

金属氧化物压敏电阻(MOV)

图1-2 全固态式高压直流断路器基本结构

在电路正常运行的情况下，电流会顺畅地通过固态的功率电子开关。遇到异常时，这些元件能够迅速中断电路连接。这个时候，系统内的感应器件内积聚的磁性能量将转换为电能，引起断路装置电压急骤上升至能量吸收回路开始运作的临界点。随后，该回路立刻激活以吸收系统的能量，进而完成直流电的中断过程。1987年，美国得克萨斯大学研发了一款工作电压为200V、工作电流为15A的固态直流断路器；同期，美国休斯敦大学也打造了一台工作电压为500V的固态直流断路器样机。直至2005年，位于美国的电力电子系统研究机构成功开发工作电压达到2.5kV、1.5kA以及4.5kV、4kA的固态直流断路器样品；2012年末，ALSTOM集团研制出了一种工作电压高达120kV、工作电流为1.5kA并且最大断开电流高达7.5kA的全固态高压直流断路器样机。

鉴于单一固态开关部件的电压和电流水平较低，目前所开发出的高压直流固态断路器技术主要停留在中低电压范围内。如果将这种固态断路器运用于高电压、高容量的直流电力系统中，必须串接大量电子电力元件，这不仅使得其结构与控制系统变得复杂，成本过高，还因为占地面积大等问题而变得不太可行。此外，由于固态开关部件在通电状态下有较大的损耗，这也给其在高压及大容量的直流系统中应用带来了阻碍。

1.4.2 混合式高压直流断路器

20世纪90年代，随着技术的发展，一款新型断路器诞生了，它的设计融合了机械开关部件和电子功率元件，形成了一种混合式高压直流断路器。这类高压直流断路器完美融合了机械开关部件进行电流传递和隔绝作用，以及固态开关部件的快速切断功能，因而能够高效地实施直流电路的断开动作。

依照图 1-3 所示，混合式高压直流断路器在正常工作状态下，电流流经设有机械接触器的负荷传输分支；一旦出现异常，机械接触器会将故障电流切换到固态接触器上。系统故障电流的断开是通过固态接触器分支和能量吸收分支来实现的。

依据混合高压直流断路器的关断机制差异，可将其划分成自然换流型与强制换流型这两个类别。

1. 自然换流型混合式直流断路器

自然换流型混合式直流断路器载流支路仅由机械开关组成，转移支路部分一般由门极关断晶闸管（GTO）、绝缘栅双极型晶体管（IGBT）、集成门极换流晶闸管（IGCT）等全控型电力电子器件作为固态开关，如图 1-4 所示。当进行电流切断时，首先激活半导体开关，紧接着通过机械开关切断电流并引发电弧，此时利用由机械开关产生的电弧动能与半导体开关上的电压梯度合作，完成电流向半导体开关所在电路的迁移。机械开关的触点一旦扩展至特定距离，立即关闭半导体开关，导致电流马上流向消耗能量的回路中。瑞典科学家 Jean-Marc Meyer 和 Alfred Rufer 于 2006 年利用 IGCT 与快速切换技术的优势，共同开发出了一种额定电流为 4kA、电压为 1.5kV 的混合式高压直流断路器原型机，并且对其进行了试验性的研究工作。

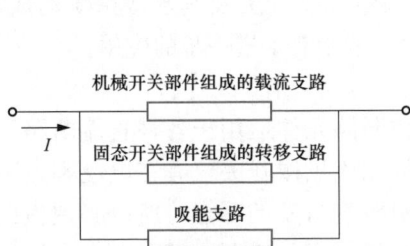

图 1-3　混合式高压直流断路器基本结构

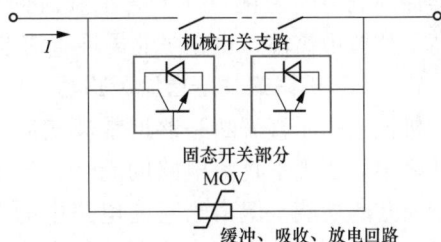

图 1-4　自然换流型混合式直流断路器拓扑结构

此设计方案能够快速切断电流，具备构造上的简约性，然而换流作业会被电弧电压水平所制约。另外，在高电压系统中实施此方案时，需并联众多电力电子元件，导致可靠度低且成本较高。

2. 强制换流型混合式直流断路器

（1）功率器件强制换流型。如图 1-5 所示，强制换流型混合式直流断路器载流转移支路由机械开关与固态转移开关串联组成。在截止直流电流的过程里，

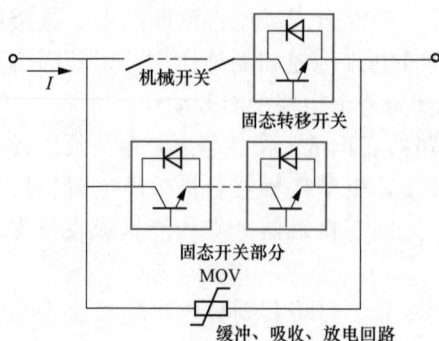

图 1-5　强制换流型混合式
直流断路器拓扑结构

半导体开关首先启动，继而关闭充电状态下的分支通路上的半导体开关，并且保证机械断路器的触点不产生电弧而分离，引导电流走向半导体开关路线。待到机械断路器达到预定间隔之后，半导体开关将切断电源，并借由能量吸收电路将系统内的直流电流完全切断。

　　这种混合式直流断路器充分结合了机械开关低能耗的导电和隔离特性，以及固态开关的高效切断功能，以便快速地切换和中断直流电流。在与传统自然换流型混合式直流断路器相比较时，此设备中的固态转换开关因长期处于导通状态会导致通态损耗变大。然而，考虑到整体的可靠性，固态开关控制的转换过程速度快且可靠性高，还允许采用低电弧电压的短隙真空机电开关，显著提升了该直流断路器在实际中的适用性。

　　（2）负压耦合强制换流型。基于自然换流型混合式直流断路器的基础，为了减小电弧电压对转移电流的影响，在转移直流强迫耦合一个负压，强制将载流回路电流换向至转移支路，待机械断路器达到预定间隔之后，半导体开关将切断电源，并借由能量吸收电路将系统内的直流电流完全切断。

　　这种负压耦合强制换流型高压直流断路器充分结合了混合式自然换向和功率器件强制换向的优点，节省了载流回路大量固态开关及其水冷系统的成本，提高了整体可靠性，也在张北柔性直流电网工程中有了进一步的应用。

1.4.3　机械式高压直流断路器

　　机械式高压直流断路器把常规交流机械断路元件运用于各种直流断路结构设计之中，实现了直流电路的断开。传统的交流机械开关仅有在电流零点附近进行断开的功能，但由于直流电路中的电流没有自发的零点，所以必须借助交流机械开关构建的高压直流断路器在人造电流零点处断开电路，或者是压制电流至极低水平保障其可靠断开。

　　该机械式高压直流断路器的核心技术在于打造相仿于交流断电零位的分断场景，以适应机械分断装置。依据其分断原则的差异，这类断路器可分为"人工电流零点"法、限流开断型及其他不同的分断技术。

　　1. "人工电流零点"法

　　图 1-6 为"人工电流零点"法的原理图。这种型号的高电压直流断路器主要包括机械开关、逆向电流产生回路和能量吸收回路这三个核心组成部分。

　　平稳运行期间，直流电流顺畅地通过机械开关，损耗低。然而，一旦发生

短路，开关的接触点就会切断电流并引发
电弧。当接触点距离扩大到一定程度，逆
变电流引发旁路接通，并使高频逆变电流
叠加至机电开关之上，此时形成了人为制
造的"电流过零点"，在此关键时刻断路器
将利用此现象扑灭电弧。接着，开关两端

图 1-6　"人工电流零点"法原理图

电压重新上升达到特定阈值，吸收电路开始工作以吸收直流系统中的能量，使
得直流系统的短路得以切断。依据逆变电流产生的具体机制，"人工电流零点"
法可细分为自激振荡策略、预充电振荡策略及其他人工电流零点型式。

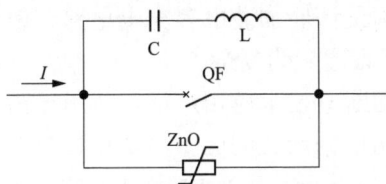

图 1-7　自激振荡原理图

（1）自激振荡策略。图 1-7 展示了采用
自激振荡技术实现的"模拟电流零序"方
案的结构图解。在该方案中，逆向电流回
路是由电容 C 和电感 L 顺次连接而成，而
能量吸收路径则是由非线性电阻的氧化锌
避雷器构成。

在切断直流电路的过程中，断路器 QF 触发断开并产生电弧。此时，由电容
C 和电感 L 所组成的回路将自发产生振荡，其电流强度会不断上升；当振荡电
流的峰值超出整个电路系统的工作电流时，QF 的断开点就会出现振荡电流的零
交点，导致 QF 内部的电弧得以熄灭；随后，锌氧化物（ZnO）避雷器将承接并
吸收系统的剩余能量，从而彻底实现电路的成功开断。

在 20 世纪 80 年代，英国的 BBC 集团采用自行设计的 DLF 型 550kV 的四分
支气体压缩式交换断路器作为支撑点，设计出一个 500kV、2000A 耐高压的自
激振源式直流断路器的样机，这一技术突破在 1985 年 2 月被用于美国太平洋电
网联接工程的 CELILO 变电站。与此同时，美国 Westinghouse 电气公司对其
SF_6 断路器进行革新，开发了一款 500kV、2200A 的自振式高压直流断路器的样
机，并在 CELILO 变电站完成了一系列的现场测试。

自激振荡的方式具备布局简便、操控方便、造价经济等优势，然而断开时
常受电路因素的强烈影响，通常须等待数
十毫秒以便构建出人工零电位。这一系列
的断路器普遍需要搭配如 SF_6 高气体压力
并带有较大电弧压力的机电分离开关，而
目前的操作机制大多难以达到所需的极速
动作性能水平。

（2）预充电振荡策略。图 1-8 展示了以
预充电方式实现的"人工电流零点"技术

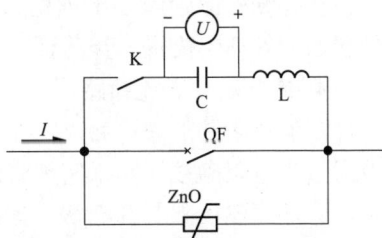

图 1-8　预充电振荡原理图

的拓扑结构。逆向电流的产生是由电容器C、电感器L、触发用开关K以及预充电单元组成的电路实现的。

接到切断信号以后，断路器即刻响应，令其接触器分离，导致电弧出现。当断路器的触头间距扩大至足够切断的范围，便激活触发用开关K，这样LC分支上的逆流便会涌向断路器分支，从而引发电流归零。在电流过零的瞬间，断路器中的电弧也随之熄灭。此后，由ZnO型避雷器承担吸收电力系统中残留能量的任务。

利用电容器充放电振荡技术，该技术仅依托QF断开机制，彻底不牵涉电弧电压的影响，可以采用紧凑型真空机电开关作为断电元件。此法的断流速度完全取决于机械开关触点的分离速度、电感电容网络特性及触发用开关K的合闸速度，从而实施直流电的快速切断。这种结构设计要加装电容充电电路、触发用开关K等部件，使得设备种类繁多，控制手段也较为复杂。

采用预装电能振荡使电流达到虚拟零点的断电技术应用广泛，适用于高电压及大电流环境。1972年，美国通用电气公司依据预装电能振荡零点切换的原则，运用串接与并接真空断路器的设计方案，打造出一款80kV/30kA的高压直流断路器原型机；1984年，日本东芝公司融合了真空断路器的迅速弧光恢复优势和SF₆断路器的高容量切断特性，基于预装电能振荡零点的概念成功开发出250kV/1.2kA的商业用断路器；而在1985年，日立公司同样基于该概念，研制出了250kV/8kA的高压直流断路器，并在实验室中对其性能进行了测试。

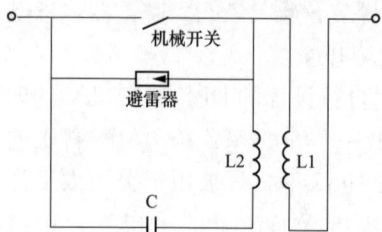

图1-9 串入耦合电感原理图

（3）其他人工零点型式。其他的人为制造过零点方法，通常是利用互感电感来引导逆向电流不同方式的流动来实现的。如图1-9所示，逆向电流的生成通道是由一个互感电感L2及一个电容C构成的组合体。当发生直流故障时，故障电流迅速增加，流经电感L1，进而在互感电感L2中感应出一个方向与故障电流相反的交变电流。这个故障电流和感应的交变电流结合后，通过在机械开关闭合线路上形成的零电位，实现扑灭电弧的目的。

该拓扑结构原则尚处于理论探讨阶段，其实际断开性能及在经济效益和可靠性层面的好坏仍需进一步验证。

2.限流开断型直流断路器

控制流量断开的理论涵盖了通过提升电弧压力来抑制直流电流的中断技术，以及通过将电阻串接切割来实现直流电流的终止方法等。

（1）增大弧压限制开断法。如图1-10所示，如果电弧的电压超过系统工作电压，电弧的电流将会趋于零。依靠机械断路器的断电效能，实施直流电的切断是有可能的。故而，采用提升电弧电压的方式，可以达到熄灭电弧的目的。

在中低压配电系统里，为了增大电弧的电压，可以采取以下措施：运用液态介质或磁力吹散技术将电弧推至或带入隔板当中，确切来说，就是通过延伸接触点之间电弧的尺寸来促使电弧电压上升，进而使得电流降至零。此外，也可将灭弧室设计成螺线形结构，让其内的动态触点在灭弧室中执行高速旋转动作，利用绝缘媒介冷却以及消除游离行为来达到限制电流和熄灭电弧的目的。

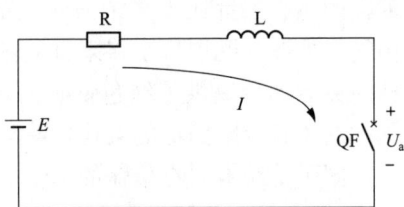

图 1-10　直流系统简化电路

依照提升电弧电压理念设计的高压直流断路器，其标定电压通常较低（低于 3000V），主要运用于早期地下铁路、船舶用电等场合。

（2）分段串入电阻限流法。如图 1-11（a）所示，采用分级插阻的工作原理。在接收到切断直流电源的指令后，触点 K1～K4 会依序分断，使得回路中插入的阻抗逐步提升，导致流经的直流电流逐步降低，详见图 1-11（b）。当电流降至足够低时，最终可以通过最后一组触点来断开。使用分级插阻来限制电流的方法有其优势，即切断直流电路时不易产生过电压现象，但其不足之处在于，各分断点的开断控制较为复杂，且反应速度不佳。基于此原理，已开发出 80kV/3kA 规格的高压直流断路器。

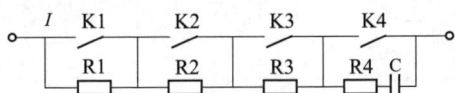

(a) 分段串入电阻原理图

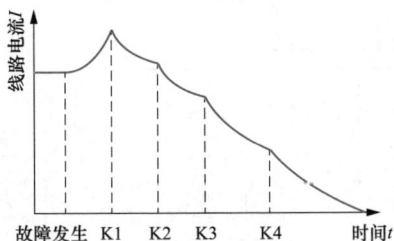

(b) 故障电流变化图

图 1-11　分段串入电阻原理图和故障电流变化图

1.5　高压直流断路器在张北工程中的应用

本书介绍的高压直流断路器均应用于张北±535kV 柔性直流示范工程，张

9

北工程的核心宗旨在于集结河北北部与内蒙古一带的大型可再生能源点，并将其输配至外部，既展现了将来直流输电网络建设的典范，又为 2022 届北京冬季奥林匹克运动会提供了绿色低碳的动力资源。工程中采用真双极、半桥拓扑换流阀加高压直流断路器的架构，站与站之间采用架空线路连接。

不同于传统点对点传输的基于电流源换流器（LCC）拓扑的晶闸管换流阀，柔性直流电网中所采用半桥模块级联拓扑的换流阀属于电压源换流器（VSC）拓扑结构，发生短路故障后故障电流会快速上升。依据图 1-12 所示，由模块化多电平换流器（MMC）组合而成的柔性直流传输设施中，若出现极性导线与金属返流路径之间短接故障，故障电流将经由 IGBT 反并联的二极管流动，形成封闭的电流环路。与此同时，柔性直流换流阀大多采用基于 IGBT 的半导体全控器件，不可避免地要面对 IGBT 暂稳态电气应力弱的缺点。加之柔性直流电网整体阻抗远低于交流系统，因此在故障发生后需要在极短时间内切除故障，限制故障电流，避免换流阀闭锁甚至器件损坏。

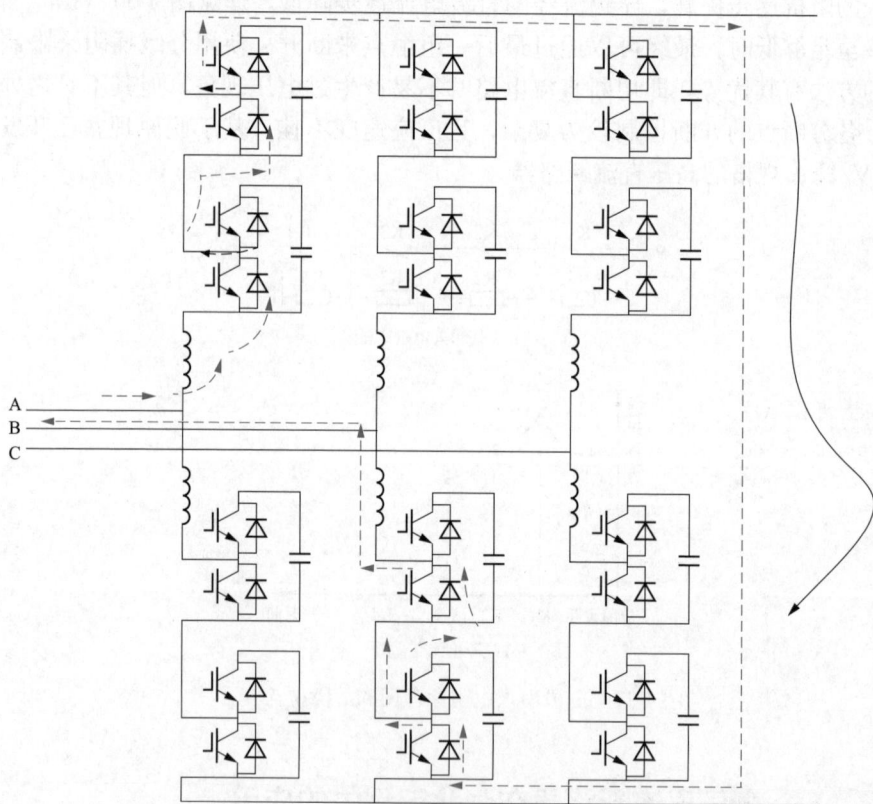

图 1-12　多电平 MMC 柔直电网结构图

不同于传统的交流电网，柔性直流电网发生故障后，所有换流站都会向故障点馈入电流，故障电流连续，无自然过零点，故障电流上升速度快且幅值大，如图 1-13 所示。直流电压迅速下降，功率传输中断，故障区域快速扩散，故障电流会通过换流阀组内部的续流二极管形成回路，闭锁换流阀并不能清除直流故障，如果没有配置高压直流断路器，则必须等到交流侧的交流断路器跳开才能实现故障隔离，最终将会造成局部故障、全站停运的结果，由此带来的经济损失将是巨大的。

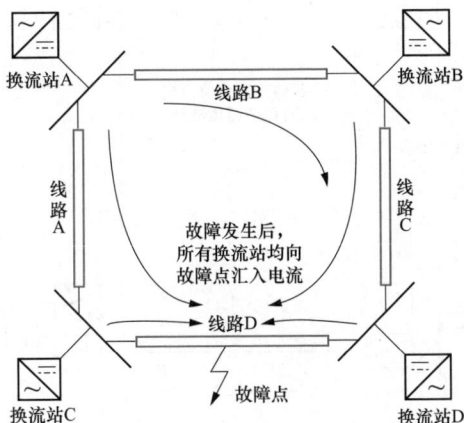

图 1-13　直流电网中故障电流流向图

由此可见，高压直流断路器的配置在柔性直流电网中是必不可少的。而高压直流断路器的首要任务就是快速分断直流短路电流，限制短路电流峰值，实现直流故障的清除与隔离。配置高压直流断路器后，可将高压直流断路器分断作为直流系统的主保护，而将交流断路器分断作为后备保护使用。针对张北工程所采用的四向环形网络构架，在每根直流输电路径的两个端点各设置一台高压直流切断装置，这样就可以通过直流系统的快速故障检测与识别，实现选择性保护，避免线路故障后的换流站闭锁。以图 1-14 为例，若 S3 换流站与 S4 换流站之间的线路发生短路故障，此时直流系统主保护会第一时间给线路两端的高压直流断路器下发跳闸指令，高压直流断路器在数毫秒内实现故障的切除隔离，则可避免换流站闭锁和交流断路器跳闸，同时保证其他非故障线路的正常运行。若该故障是暂时性故障，高压直流断路器还能在数百毫秒内实现故障区域的重新投入，快速恢复系统功率输送，提高运行可靠性。

下面介绍故障电流开断的快慢对整个系统的影响。图 1-15 中横坐标为时间，纵坐标为线路电流。假设 t_0 时刻线路发生了故障，故障电流开始上升。若能在 t_1 时刻开断故障电流，则不需要闭锁任何换流阀，无换流站退出，系统仍然可

11

以稳定运行。若等到 t_2 时刻才开断故障电流，则邻近故障点的换流阀可能将由于自身过流保护发生闭锁，进而导致换流站退出运行。若再延迟到 t_3 时刻，故障电流进一步上升，则可能导致多个换流站退出运行，故障扩大。因此，为了保证柔性直流输电系统的稳定可靠运行，需要高压直流断路器在数毫秒之内实现故障电流的快速开断。

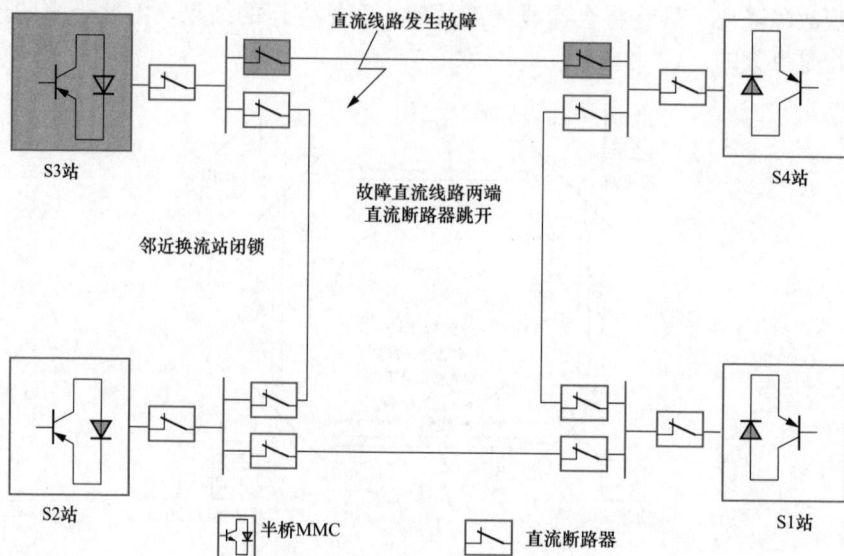

图 1-14 断路器配置示意图

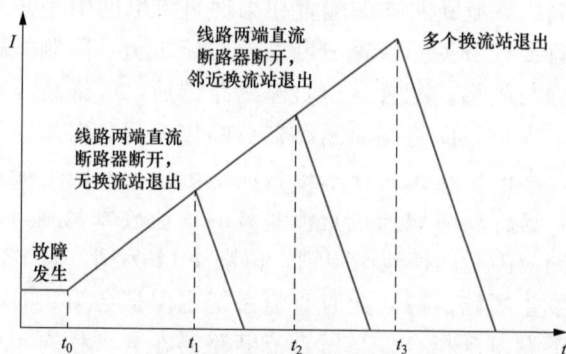

图 1-15 故障电流开断的快慢对整个系统的影响

由此可见，高压直流断路器是张北柔性直流工程中的核心设备，而且应用广泛，每座换流站均配置了 4 台高压直流断路器，多种技术路线高压直流断路器在张北工程成功应用，分别为混合式高压直流断路器、耦合负压式高压直流断路器和机械式高压直流断路器。

第 2 章

高压直流断路器原理及结构

高压直流断路器拓扑设计满足张北四端柔性直流电网的运行需求，本章主要介绍混合式、耦合负压式、机械式三大技术路线的高压直流断路器的基本原理与结构，同时介绍对应的二次系统以及辅助系统。

2.1 混合式高压直流断路器原理结构

混合式高压直流断路器包含主支路、转移支路和耗能支路，能够关合、承载和分断高压直流输电系统中的运行电流，并能在规定的时间内关合、承载和分断直流系统故障电流的设备。

（1）主支路。由主支路快速机械开关和主支路电力电子开关串联构成，主要用于导通直流系统负荷电流。

（2）转移支路。由多组转移支路电力电子模块串联构成，能够承受高压直流断路器全压的电流支路。当混合式高压直流断路器分闸，主支路断开时，电流换流到转移支路，再通过转移支路闭锁建立电压，将电流再次换流至耗能支路。

（3）耗能支路。由多组避雷器单元组成，用于限制高压直流断路器转移支路闭锁电流产生的过电压和吸收直流系统短路能量。

混合式高压直流断路器的拓扑结构如图 2-1 所示。

2.1.1 混合式高压直流断路器基本结构

混合式高压直流断路器阀塔依照功能模块，可分为主支路电力电子开关组件、转移支路电力电子开关组件、快速机械开关组、耗能避雷器组（metal oxide varistors，MOV）、光电流互感器（optical current transducer，OCT）、通流母排、冷却水管、均压屏蔽结构件、漏水检查装置、供能系统组件、阀塔支架、光纤及附属支承件等，采用模块化、分层、分功能区域设计思路实现支撑式双列阀塔结构集成设计，整体结构如图 2-2 所示。

混合式高压直流断路器整体阀塔包括主支路、转移支路和耗能支路。

1. 主支路

主支路包括快速机械开关和少量电力电子开关，其中主支路快速机械开关

图 2-1　混合式高压直流断路器拓扑结构

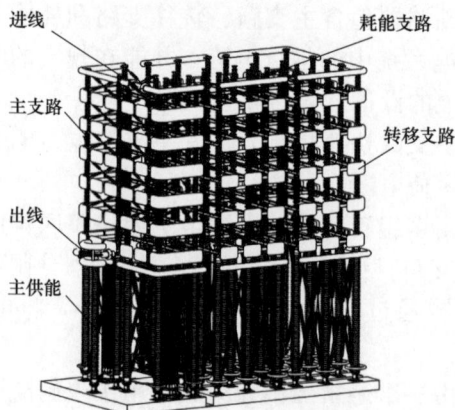

图 2-2　混合式高压直流断路器阀塔本体结构图

采用若干断口串联式一体化设计。单个断口由开关本体、储能及控制单元以及均压回路构成。快速机械开关主要应用于柔性高压直流输电系统中的高压直流断路器，其作用是在断路器正常合闸运行中耐受负荷电流，当线路发生故障时，快速机械开关要在极短的时间内提供足够的绝缘开距，该开距应能耐受高压直流断路器在开断过程中的暂态恢复电压。

作为高压直流断路器核心模块的快速机械开关，需在极短时间内分闸到能承受暂态恢复电压的位置。一般来说，传统断路器驱动机构难以满足此时间要求，各厂家均采用新型的电磁斥力机构作为快速机械开关的驱动机构。由于高压直流断路器的直流耐受电压较高，因此在高压直流断路器中需采用多台快速机械开关模块串联来实现其功能，为保持可靠性，需要设置 1 台作为冗余。所有快速开关模块分层应布置于高压直流断路器阀塔的高电位上。快速机械开关结构如图 2-3 所示。

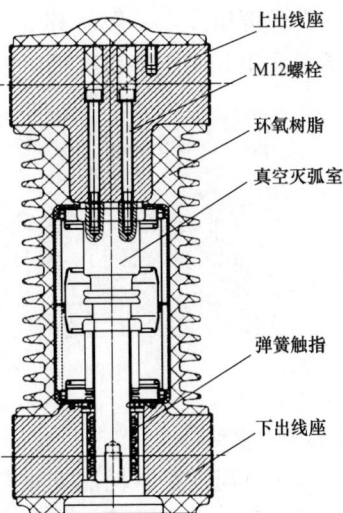

图 2-3　快速机械开关结构图

主支路电力电子开关包括 IGBT 阀组、旁路系统、主支路避雷器、供能设备、冷却系统和相关结构件等。每个 IGBT 阀组包括 IGBT 组件、RCD 缓冲回路、驱动板单元和供能线圈。IGBT 阀组可以采用 IGBT 组件不同的串并联组合。主支路电力电子开关缓冲电路 RCD 缓冲电路拓扑结构如图 2-4 所示，主支路电力电子开关 IGBT 的缓冲电路能有效抑制开关过程中的电压、电流冲击，保证 IGBT 直流串联的均压特性，保证器件安全。RCD 缓冲回路含有二极管 D1、电阻 R1 和电容 C1。在阀组断开期间，对缓冲电容 C1 充电，随后通过电阻 R1 放电。

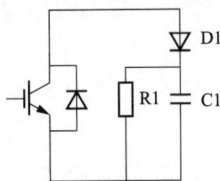

图 2-4　主支路电力电子开关 RCD 缓冲回路拓扑结构

对于主支路电力电子开关，阀单元组件是核心单元。阀单元组件由结构相同的若干组阀单元并联组成，每个阀单元由若干 IGBT 串并联组成的阀串、旁路开关组件、适配器组件、控制主板组件组成。驱动板单元控制 IGBT 组件的开通关断，由于驱动板处于高电位，所以采用电磁隔离供能，同时可采用激光供能作为冗余措施，以保证供能可靠性。旁路系统包括旁路开关、触发单元和供能线圈等，当 IGBT 或驱动单元出现故障时，可及时合上旁路开关，切除故障 IGBT。

高压直流断路器内部只有主支路电力电子开关需要冷却，一般将主支路电力电子开关放置在主支路阀塔的第一层，主支路电力电子开关水冷系统冷却液若发生泄漏，则冷却液流入阀底，避免损坏其他设备。

2. 转移支路

转移支路电力电子开关由若干子单元串联组成。子单元包括 IGBT 阀组、二极管阀组以及避雷器单元，将 IGBT 阀组和二极管阀组按照一定的电位关系，组成一个电力电子开关子单元。转移支路电力电子开关需要转移主支路电流至耗能支路，需要承受和关断较大的故障电流。由于整个转移支路所承受的电压等级非常高，结构框架比较复杂，因此考虑阀层内部和层间的各部分电位差，以及电流在阀塔内部的流向非常关键，转移支路的框架电位及各层间的电位要严格控制，保证足够的距离以满足电气间隙和爬电距离。从阀塔结构布置和电气

15

灵活性角度出发，一般转移支路电力电子开关可分解成若干个模块子单元，通过子单元串联构成转移支路电力电子开关。单个子单元拓扑结构如图2-5所示。

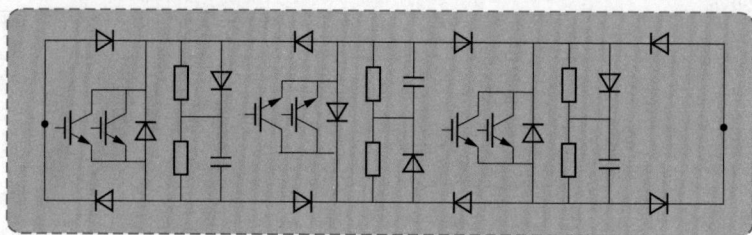

图 2-5　转移支路电力电子开关拓扑结构

3. 耗能支路

高压直流断路器耗能支路与转移支路子单元并联，子单元数目与转移支路子单元一致。由于故障电流较大，吸收能量较多，单个耗能支路子单元一般采用分柱并联的方式。对避雷器吸收能量要求如下：

（1）对于直流线路故障且主保护正常动作的情况，避雷器能量（不含热备用）需满足高压直流断路器单次开断及重合于故障下再次开断的总吸收能量，并应在此基础上考虑1.2倍安全裕度。

（2）高压直流断路器避雷器吸收能量仿真需考虑换流站避雷器配置对其的影响。

（3）对于直流线路单极接地故障且主保护拒动的情况，避雷器能量（不含热备用）需满足高压直流断路器单次开断及重合于故障下再次开断所需的总吸收能量，并应在此基础上考虑1.2倍安全裕度。

（4）对于直流线路单极对金属回线短路故障且主保护拒动的情况，避雷器能量（不含热备用）需满足高压直流断路器单次开断及重合于故障下再次开断所需的总吸收能量。

（5）对于直流线路双极短路接地（或不接地）故障且主保护拒动的情况，避雷器能量（不含热备用）需满足高压直流断路器单次开断及重合于故障下再次开断所需的总吸收能量。

根据上述要求，结合张北电网各类故障情况下的仿真分析，得出最大吸收能量为123MJ，考虑1.2倍安全裕度，现场实际设计最大吸收能量为150MJ。

为确保满足最大吸收能量，避雷器子单元采用八柱四串两并结构，如图2-6所示。

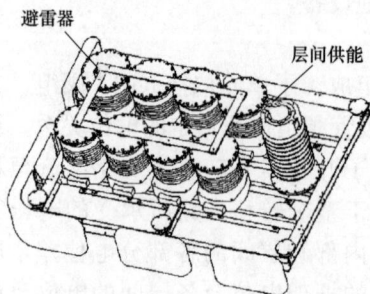

图 2-6　避雷器子单元结构图

2.1.2　混合式高压直流断路器工作原理

根据拓扑结构，高压直流断路器处于导通状态时，主支路电力电子开关处于导通状态，快速机械开关处于合位，转移支路电力电子开关处于关断状态，此时系统电流全部流过主支路，如图 2-7 所示。

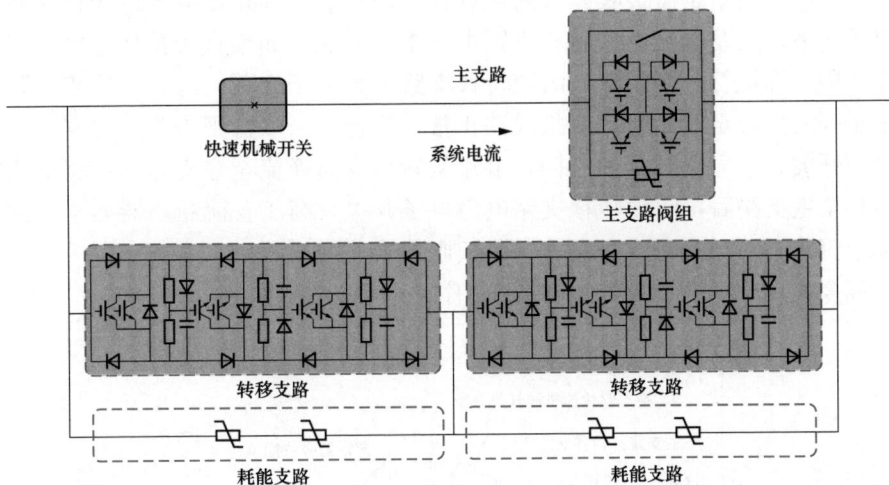

图 2-7　正常通流模式

当系统发生线路故障或遥控分闸时，高压直流断路器接收到分断信号后，导通转移支路电力电子开关，同时闭锁主支路电力电子开关，阀组两端电压迅速上升，导致主支路阻抗远大于转移支路阻抗，电流从主支路转移到转移支路，此过程为强迫换流过程，如图 2-8 所示。

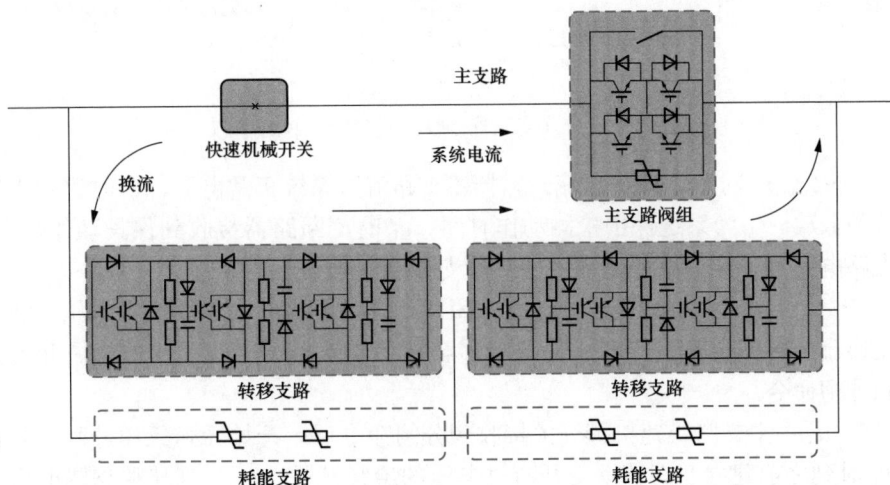

图 2-8　强迫换流过程

当主支路电流完全转移到转移支路，此时打开主支路快速机械开关，实现快速机械开关的无弧分断。快速机械开关分断到位后，闭锁转移支路电力电子开关。电流转移至避雷器中直至线路故障电流被耗尽至零，至此高压直流断路器分断完成。

当高压直流断路器接收到合闸或重合闸信号后，首先逐级导通转移支路电力电子开关，线路电流通过转移支路电力电子开关，如果合于预伏故障、保护动作，则立即执行分闸动作，闭锁转移支路电力电子开关，电流从转移支路电力电子开关换流至避雷器。如果线路正常，执行下一步合闸步骤，主支路的快速机械开关和电力电子开关合闸，电流从转移支路换流至主支路。线路电流完全转移至主支路后，闭锁转移支路电力电子开关，高压直流断路器处于正常合位和通流状态，至此高压直流断路器合闸/重合闸完成。

混合式高压直流断路器分闸控制时序如图 2-9 所示。

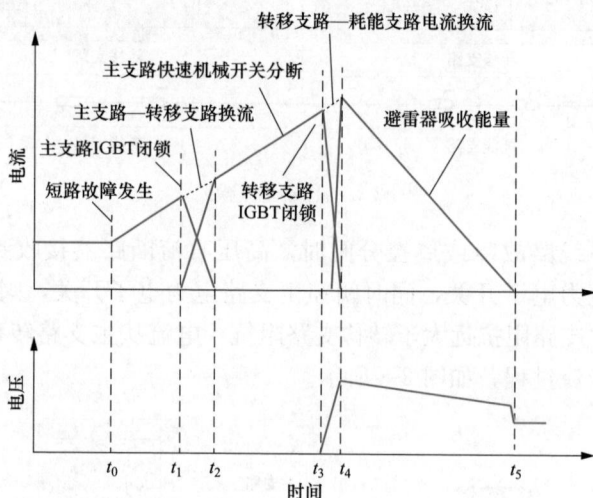

图 2-9　混合式高压直流断路器分闸控制时序图

$t_0 \sim t_1$：t_0 时刻之前，直流断路器主支路流过系统正常电流。t_0 时刻发生短路故障，$t_0 \sim t_1$ 为系统保护检测动作时间。t_1 时刻断路器接收到保护动作命令，主支路电力电子开关组件闭锁，同转移支路电力电子开关导通。

$t_1 \sim t_2$：主支路电力电子开关组件闭锁，内部电容充电建立暂态电压，强迫电流换流至转移支路，待电流完全转移至转移支路后，主支路快速机械开关接收到分闸命令。

$t_2 \sim t_3$：主支路快速机械开关接收到分闸命令后，开始无弧无压分闸，并且在 t_3 时刻之前建立起能够承受开断过电压的绝缘开距，t_3 时刻转移支路电力电子开关闭锁。

$t_3 \sim t_4$：转移支路电力电子开关闭锁后，内部电容充电建立电压，当电压超过避雷器启动电压时，电流换流至耗能支路。

$t_4 \sim t_5$：短路电流流过耗能支路，避雷器残压高于系统运行电压，故障电流逐步衰减，t_5 时刻衰减至 0，故障清除。

2.1.3　混合式高压直流断路器二次系统

高压直流断路器二次系统包括：高压直流断路器控制保护设备、高压直流断路器阀控设备（VBC）、供能系统控制柜、水冷二次系统、光电流互感器（OCT）、快速机械开关控制器和子模块控制器。

高压直流断路器二次系统采用分层分布式设计，分为高电位二次设备层、地电位二次设备层和监视系统层，其中快速机械开关控制器和子模块控制器为高电位二次设备层，运行人员工作站为监视系统层，其余为地电位二次设备层。

监视系统层的局域网（LAN）将服务器和运行人员工作站与所有相关的高压直流断路器二次系统如控制系统、保护系统、水冷系统和不间断电源（UPS）等系统联接在一起，在网络上进行各类信息的交换，实现人机对话以及所有运行人员监控功能。

高压直流断路器控制保护系统采用双网络设计，包括数据采集与监控系统（SCADA）和控制保护设备。SCADA 中，配置两台服务器、一台监视工作站，通过交换机形成局域网。控制保护设备主要包括控制系统、保护系统、"三取二"单元、规约转换装置、水冷监视装置和 UPS。其中控制系统和"三取二"单元都采用双冗余配置，保护系统采用三重化配置。

高压直流断路器控制保护系统主要作用是完成对高压直流断路器快速机械开关和子模块等断路器一次设备的协调控制和对断路器本体的故障监测及保护。通过与直流控制保护系统、OCT 合并单元、冷却系统、供能开关柜、快速机械开关等设备的通信完成对高压直流断路器的状态监测，并对其进行控制和保护。

1. 控制系统

单台高压直流断路器控制保护系统配置七面屏柜，包括高压直流断路器监视柜、控制柜、子模块接口与保护柜。高压直流断路器控制柜布置图如图 2-10 所示。高压直流断路器控制保护设备主要由主控制机箱、设备接口机箱、保护机箱以及网关和交换机等组成。高压直流断路器控制保护系统作为高压直流断路器的核心和大脑，要具备在一定时间内完成快速机械开关和电力电子开关的控制和保护，以及完成对快速机械开关和电力电子开关等设备状态的实时监测的能力。

高压直流断路器控制保护系统直接决定高压直流断路器自身的可靠性和稳定性。如图 2-11 所示，高压直流断路器的控制保护系统采用冗余双重化配置方

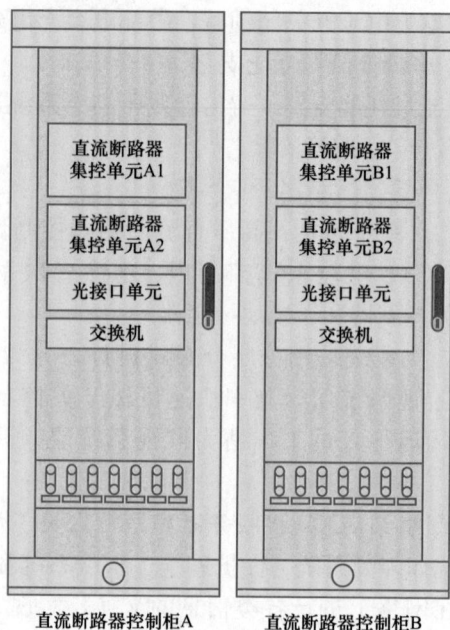

图 2-10　高压直流断路器控制屏柜布置图

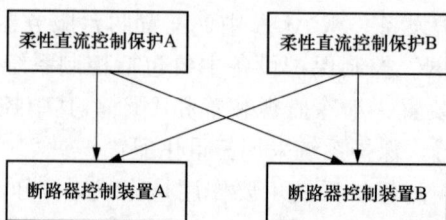

图 2-11　高压直流断路器控制保护系统架构图

案。高压直流断路器控制保护系统和柔性直流控制保护系统相互独立,通过光纤交叉互联进行信息交互,高压直流断路器的控制保护系统冗余切换不会引起柔性直流控制保护系统的冗余切换。

高压直流断路器控制保护系统需满足以下几点:

(1) 高压直流断路器的控制、保护和监视设备应保证高压直流断路器在一次系统正常或故障条件下正确工作。在任何情况下都不能因为控制、保护和监视设备的工作不当而造成高压直流断路器的损坏。控制参数和控制精度应满足工程设计要求。控制、保护和监视设备应完全双重化,并应具有完善的自检及报警功能。

(2) 高压直流断路器的控制、保护和监视设备应严格按照直流控制保护系统的指令执行分合闸操作,在直流系统故障期间,高压直流断路器本体保护动作的条件应可以调节设定。

（3）当与直流控制保护系统通信失去时，高压直流断路器的控制、保护和监视设备也应能对高压直流断路器实施有效的控制，不能因为控制不当而对直流系统在上述系统故障期间的性能和故障后的恢复特性产生任何影响。

（4）高压直流断路器控制、保护和监视设备应能具有对所有高压直流断路器电力电子开关（如有）及快速机械开关/快速断路器的在线巡检功能。在线巡检是指在高压直流断路器已投入带电的直流系统中，高压直流断路器控制、保护和监视设备在不影响输电的前提下，可以定期对高压直流断路器电力电子开关（如有）及快速机械开关/快速断路器的状态进行检测。

（5）高压直流断路器控制、保护和监视设备与直流控制保护系统之间的模拟量传输推荐采用 IEC 60044-8《互感器　第 8 部分：电子电流互感器》协议。

由于高压直流断路器快速机械开关、电力电子开关数量较多，所以单独设置了阀控设备，控制高压直流断路器器件的开通关断。高压直流断路器阀控系统屏柜设置如图 2-12 所示。

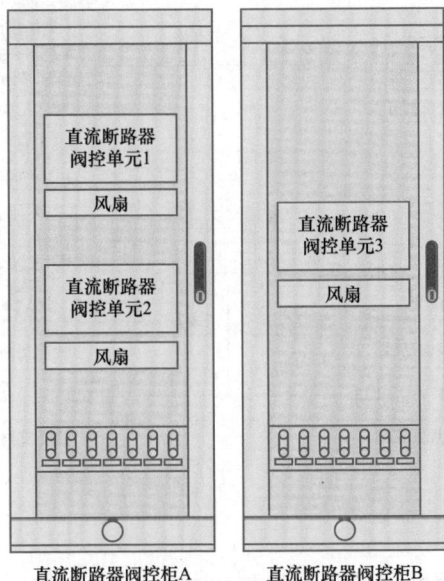

图 2-12　高压直流断路器阀控系统屏柜布置图

阀控本体接受控制系统的命令向主支路快速机械开关、主支路电力电子开关、转移支路电力电子开关下发开通关断指令。控制系统与阀控系统架构如图 2-13 所示。

高压直流断路器配置光电流互感器（OCT）组件来监视主支路、转移支路以

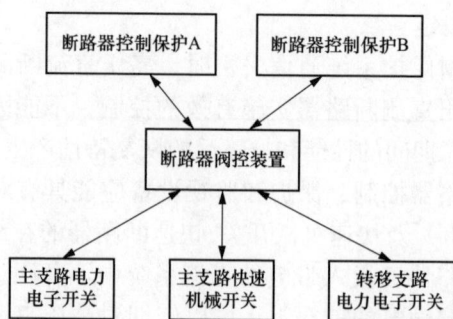

图 2-13　高压直流断路器阀控系统架构图

及耗能支路的电流。OCT 配置情况如图 2-14 所示。在总支路设置一个 OCT，每个 OCT 配置 4 个环（含一个热备用）；在主支路设置一个 OCT，每个 OCT 配置 4 个环（含一个热备用）；在转移支路设置一个 OCT，每个 OCT 配置 4 个环（含一个热备用）；耗能支路每个子单元设置 2 个 OCT，每个 OCT 配置 2 个环。

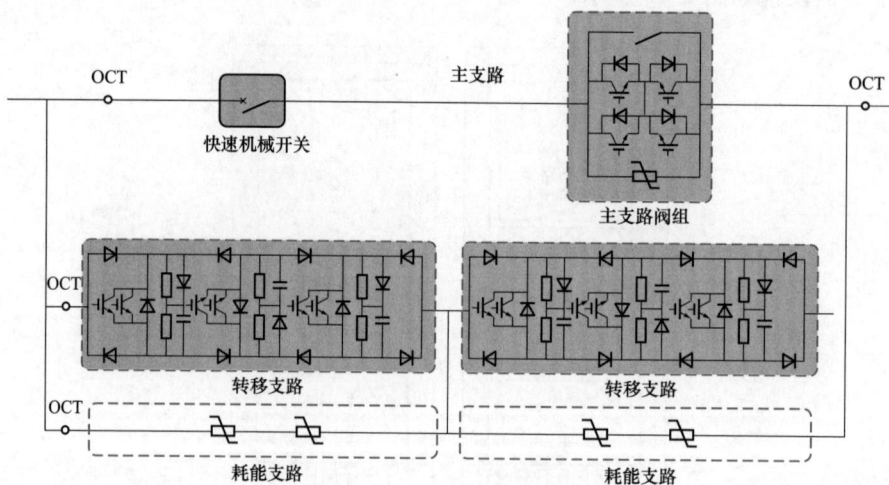

图 2-14　OCT 配置图

2. 保护系统

为了防止高压直流断路器内部出现短路、击穿故障，高压直流断路器设置了三套保护系统，三套保护系统完全相同，互为冗余。保护系统屏柜布置如图 2-15 所示。保护系统接收测量单元的数据，通过相应的逻辑判断保护是否动作，如果保护动作，将信号出口至三取二单元，保护三套保护分别上送至两个三取二单元。保护系统架构如图 2-16 所示。通过三取二单元完成"三取二"逻辑：正常运行时采用"三取二"原则出口；一套保护退出时，采用"二取一"原则出口；两套保护退出时采用"一取一"原则出口。

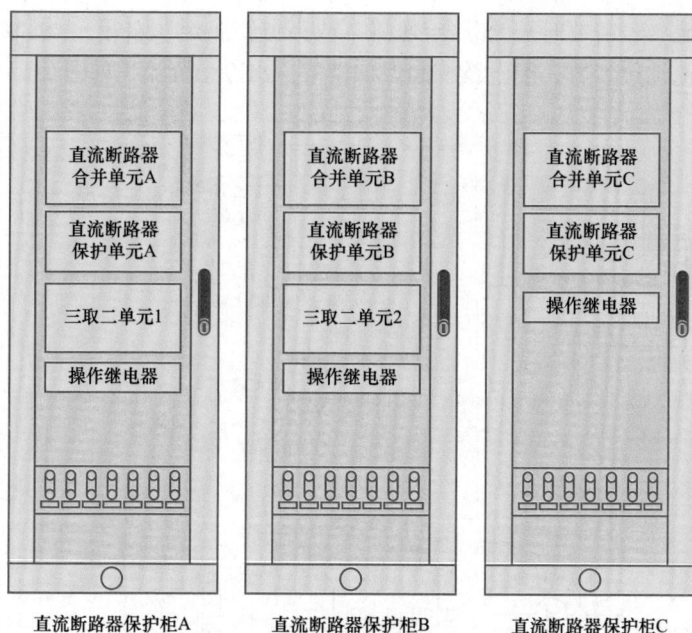

图 2-15　高压直流断路器保护系统屏柜布置图

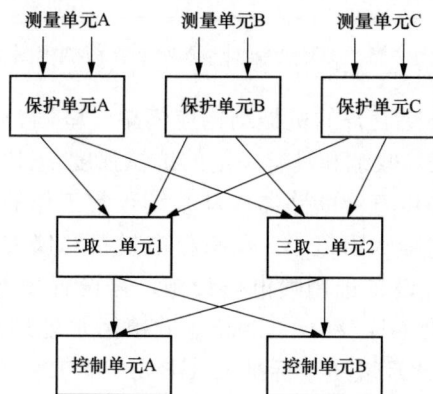

图 2-16　高压直流断路器保护系统架构图

2.1.4　混合式高压直流断路器辅助系统

1. 混合式高压直流断路器冷却系统

混合式高压直流断路器冷却系统由内冷却系统及外冷却系统组成。

内冷却系统的冷却介质一般采用去离子水，冷却介质以恒定的压力和流速流经阀塔，带走断路器运行产生的热量，再经外冷却系统（空气冷却器/辅助喷淋系统）换热后流回主泵，形成闭式循环。

高压直流断路器内冷却系统主要设备（包括但不限于）：循环水泵、去离子

23

装置、除气罐（若需要时）、膨胀定压罐（或高位膨胀定压水箱）、机械式过滤器、补充水泵、电加热装置、配电及控制保护设备。水冷系统流程如图 2-17 所示。

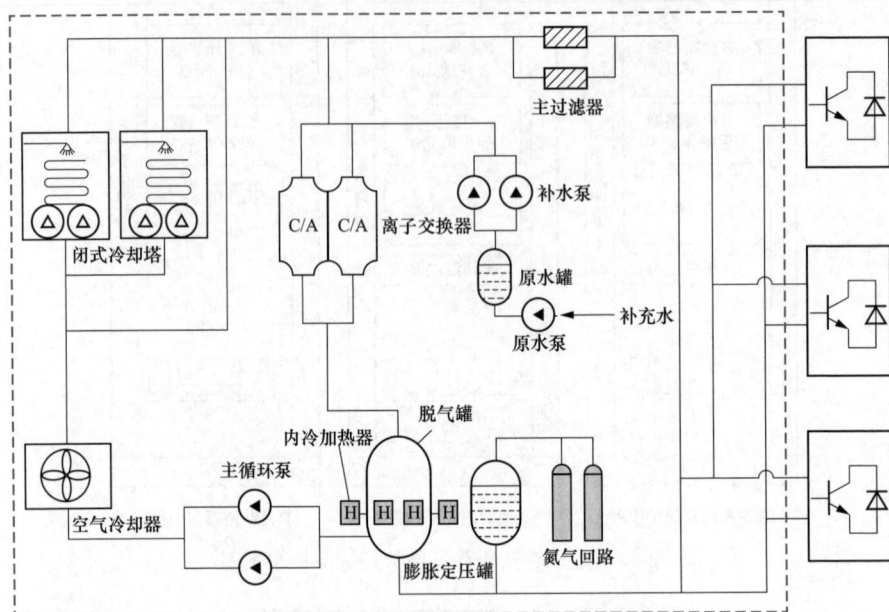

图 2-17　高压直流断路器水冷系统流程图

高压直流断路器外冷设备的机械结构应简单、坚固、便于检修和更换。设备零部件应能自由膨胀、收缩和具有一定的抗拉强度，且不允许有变形、泄漏、异常振动和其他影响高压直流断路器冷却系统正常工作的缺陷或功能障碍。管路系统的设计应保证沿程水阻最小。所有机电设备和仪表均选择经实际运行确认可靠的产品。若外冷设备选用喷淋塔设施，需设置喷淋水处理、加药系统，以保证喷淋水水质符合 GB 18918—2002《城镇污水处理厂污染物排放标准》、GB 3838—2002《地表水环境质量标准》、GB 8978—1996《污水综合排放标准》的规定。

高压直流断路器冷却系统也设置了控制保护系统，可以根据温度的变化通过变频器控制冷却风扇的转速和风量，精密控制循环水温度。在室内和室外管路之间设有电动三通阀，当室外环境温度较低、断路器低负荷或零负荷运行时，可通过调节流量比实现冷却水温度调节。由电加热器对冷却水温度进行强制补偿。

高压直流断路器的冷却控制和保护能在各种运行条件下确保冷却系统安全、正确、可靠运行。采用基于温度控制的闭环控制模式，对高压直流断路器实施有效的冷却，同时还能准确检测冷却系统的各种故障，并正确发出报警或跳闸信号。冷却控制/保护系统采用完全双重化的设计，具有完善的自检功能。无论是主系统还是备用系统，都包括了两套原理不同的保护。主系统故障时将可自动切换到备用系统。从一个系统转换到另一个控制系统，不应引起高压直流断路器的故障。当主控制系统保持在运行状态时，能对备用系统进行检修和改进。高压直流断路器控制系统保持冗余度的范围包括从冷却控制系统的电源到为该控制系统提供信息的传感（变送）器的每一级。与直流控制和保护的通信也应有冗余度。

作用于跳闸的内冷水传感器按照三套独立冗余配置，每个系统的内冷水保护对传感器采集量按照"三取二"原则出口；当一套传感器故障时，出口采用"二取一"逻辑；当两套传感器故障时，出口采用"一取一"逻辑出口；当三套传感器故障时，发闭锁直流指令。

2. 混合式高压直流断路器供能系统

混合式高压直流断路器串接在直流线路中，由大量电力电子开关组件和多组快速机械开关组成。电力电子开关组件控制保护板卡、快速机械开关的电磁斥力机构和控制保护板卡需要从外部获取电能，维持正常工作。

供能方案采用工频供能方案，供能系统采用分层、分级、单元模块化设计，绝缘电位梯度与断路器主电路电位一致。单台主隔离变压器采用 SF_6 高压隔离变压器，效率高，损耗小。

阀塔下方布置主供能变压器，分别给主支路电力电子开关、快速机械开关、转移支路电力电子开关供电。主供能变压器将地电位能量传输至高电位，再通过层间隔离变隔离每层之间的电位差，同时向每层负载供电。隔离供能系统原理图如图 2-18 所示。

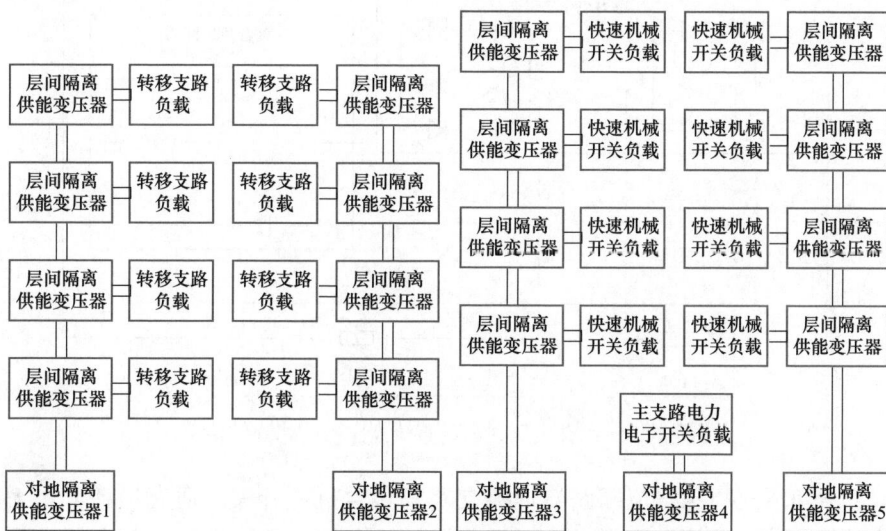

图 2-18　高压直流断路器供能系统原理图

为提高整个供能系统的输入电源可靠性，采用 UPS 为供能变压器提供输入，其中 UPS 采用双机并联运行的方式，同时应设置蓄电池以防设备出现故障导致突然掉电。

正常运行情况下 UPS 两套并机运行，UPS1 接站用电 1，UPS2 接站用电 2，各负责 50％负荷。站用电为 UPS 提供交流电源输入，UPS 经整流逆变后为高压直流断路器提供稳定交流电源。当一套 UPS 故障，另一套承担 100％负荷，并可长期在此状态下运行。当两套 UPS 均故障时，两条 UPS 主支路均闭锁退出，切换至静态旁路支路，并可长期在此状态下运行，由站用电直接给高压直流断路器提供电源。当站用电均掉电时，由蓄电池为 UPS 提供能量，保证高压直流断路器一次部分仍能持续工作一段时间。

2.2　耦合负压式高压直流断路器原理结构

如图 2-19 所示，耦合负压式高压直流断路器的拓扑结构由 3 个并联支路组成，包括用于导通直流系统电流的主支路，用于短时承载并关断直流系统短路电流和建立瞬态开断电压的转移支路，以及用于抑制开断过电压和吸收线路及限流电抗储能的耗能支路。

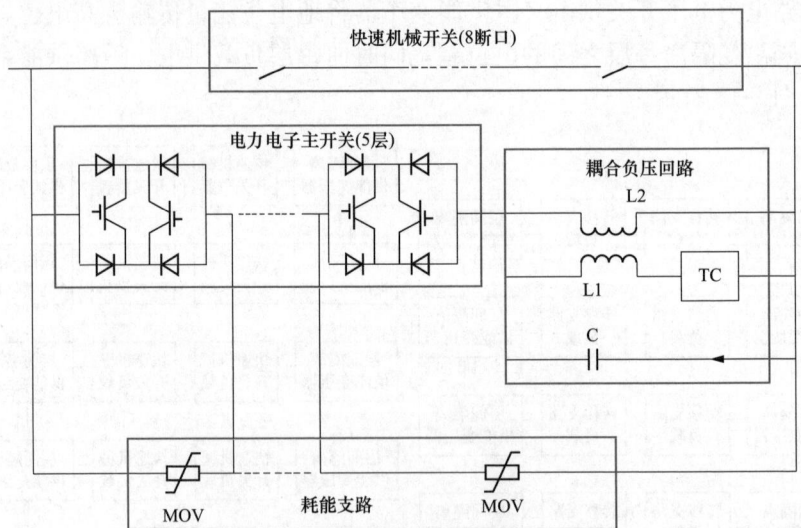

图 2-19　耦合负压式高压直流断路器的拓扑结构

耦合负压式高压直流断路器通流支路只包含机械开关，通态损耗低，无需水冷散热，节省空间，可靠性高，运行维护成本低；快速机械开关采用电磁斥力操动机构和电磁缓冲机构，结构简单，可靠性高；通过耦合负压装置实现换流，不存在小电流情况下换流时间长的问题，可控性强；转移支路电力电子开关采用交叉桥式单元串联结构，可实现全电流范围内关断，可靠性高，可控性强；能量吸收支路避雷器与转移支路整体并联，冗余更加灵活，可靠性高。

主支路：仅由若干个速机械开关串联组成，通态损耗极低，可采用自然冷却，无需水冷系统。快速机械开关采用真空灭弧室，电磁斥力操动机构，电磁缓冲机构和双稳态弹簧保持机构，能够实现毫秒级快速分断并恢复足够的绝缘强度。

转移支路：主要由电力电子开关和耦合负压装置串联组成。其中电力电子开关由二极管桥式整流子模块串联构成，能够实现毫秒级导通短路电流并关断耐压；耦合负压装置为可控电压源，在高压直流断路器开断时，可以产生瞬时反向电压，毫秒内强迫电流从主支路换流至转移支路，并保证不同转移电流的一致性和可靠性。每个模块中，选用 2 个 IEGT 并联作为主开关器件，选用 4 个普通整流二极管导通双向电流，并使用加速电流衰减的缓冲支路和避雷器实现动态均压和过压保护，使用静态均压电阻实现静态直流均压。耦合负压装置包括预充电电容 C1、一次侧线圈 L1、二次侧线圈 L2、晶闸管及反并联二极管。

耗能支路：由多组避雷器单元组成，用于抑制开断过电压和吸收线路及限流电抗储能。

2.2.1　耦合负压式高压直流断路器基本结构

耦合负压式高压直流断路器基本结构如图 2-20 所示，主要包括过渡层、耦合负压装置、耗能避雷器塔、机械开关塔、隔离变压器塔、阀塔、500kV 隔离变压器。各部分固定在由多种支柱绝缘子搭建而成的支撑框架内。

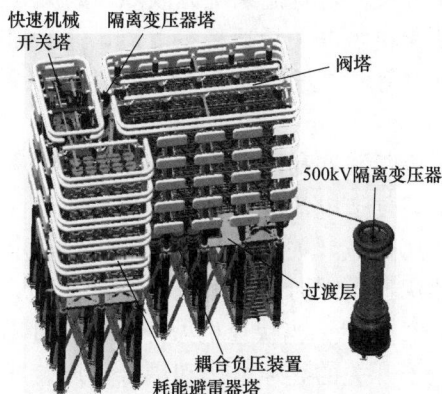

图 2-20　耦合负压式高压直流断路器基本结构

过渡层主要由底部支柱绝缘子、过渡层的垫板及两组入地光纤槽架组成，其中底部支柱绝缘子包括 500kV 绝缘子和斜拉绝缘子。

耦合负压装置主要由耦合负压电抗器组成。

图 2-21　耗能支路平台结构图

耗能避雷器塔位于高压直流断路器主体左侧前部分，分为若干层。第一层为检修通道，第二层到最高层为避雷器组层，每层安装若干支避雷器，由下面钢结构固定在层间绝缘子上，每层避雷器组由铝排连接，如图 2-21 所示。

快速机械开关塔主要由若干个快速机械开关模块组成，按"之"字形布置方式串联组成。

阀塔主要有五层，由若干个阀段串联而成。每层的若干个阀段按左右两列分布，每层与每层之间使用铜排连接。

供能模块主要由断路器外侧地基上的若干台 500kV 隔离变压器、若干套一级隔离变压器、多套二级隔离变压器、高压供能电缆和取能磁环等组成。

除以上各部分外，断路器中还包含与二次保护设备连接的光纤和电缆、各器件之间的等位线及各部分外围的屏蔽罩等。

2.2.2　耦合负压式高压直流断路器工作原理

耦合负压式高压直流断路器运行工况可归纳为合闸过程、分闸过程及重合闸过程，工作原理如下。

1. 合闸过程

首先开通电力电子开关，若直流系统无故障，则关合快速机械开关，随后关断电力电子开关，快速机械开关导通稳态电流，通态损耗极低；若直流系统存在故障，则迅速关断电力电子开关，期间快速机械开关不动作。

2. 分闸过程

耦合负压式高压直流断路器利用主支路、转移支路及耗能支路三部分在一定时序下进行内部换流，创造电流零点实现直流开断。首先，导通转移支路电力电子开关，并分闸快速机械开关，待触头开距达到一定距离时，耦合负压装置被触发并在转移支路中产生瞬时反向电压，强迫电流从快速机械开关转移至电力电子开关，如图 2-22 所示。当快速机械开关电流过零点后，触头熄弧。由于触头间电压为电力电子开关的导通电压和耦合负压装置的瞬时负压，远低于直流系统，因此触头不会重燃。

随后，快速机械开关触头继续做分闸运动，待触头间隙能够承受系统瞬态恢复电压后，转移支路电力电子开关关断，电流转移至能量吸收支路，如图 2-23 所示。断路器端间电压被能量吸收支路限制，同时电流逐渐下降至零。期间耦合负压装置不再产生反向电压，在换流回路中仅等效为电感。

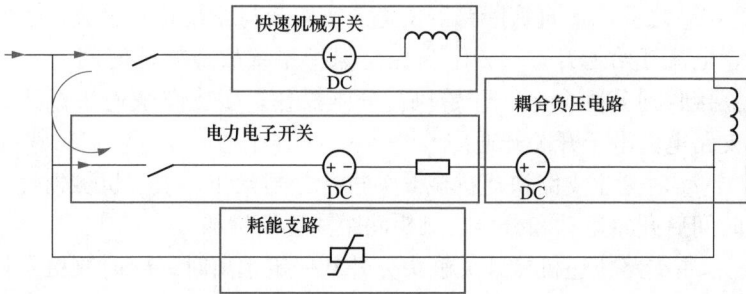

图 2-22　电流从主支路换流至转移支路的过程示意图

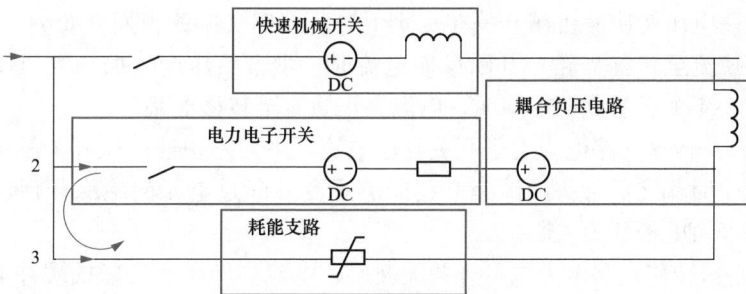

图 2-23　电流从转移支路换流至耗能支路的过程示意图

3. 重合闸过程

分闸操作完成后，负压耦合式高压直流断路器可执行重合闸操作。类似于合闸过程，首先开通电力电子开关，若直流系统故障消除，则关合快速机械开关，随后关断电力电子开关，快速机械开关导通稳态电流；否则，若直流系统故障未消除，则迅速关断电力电子开关，期间快速机械开关不动作。分闸过程和重合闸过程的动作逻辑如图 2-24 所示。

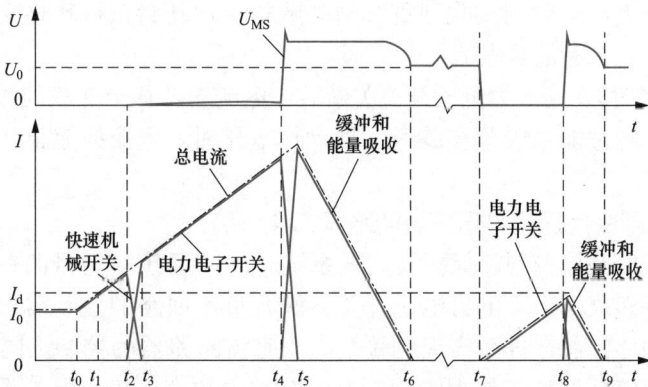

图 2-24　耦合负压式高压直流断路器整体关断过程动作逻辑

$t_0 \sim t_1$：t_0 之前高压直流断路器主通流支路流过系统正常电流。t_0 时刻发生短路故障，电流开始上升，$t_0 \sim t_1$ 为控制保护系统故障检测时间。t_1 时刻高压直流断路器接收到分闸命令，开始执行分闸操作，主支路快速机械开关开始分闸，转移支路电力电子开关开通。

$t_1 \sim t_2$：t_1 时刻主支路快速机械开关执行分闸操作，由于机械惯性，触头在延时一定时间后开始运动和分离，触头间距离逐渐增加。

$t_2 \sim t_3$：主支路快速机械开关触头分开到一定距离时，t_2 时刻触发耦合负压装置依次产生正反向电压，强迫电流完全换流至转移支路。t_3 时刻电流完全换流至转移支路。该过程根据开断电流方向有所不同：开断正向电流时，耦合负压产生振荡电压使快速机械开关在 1/4 个振荡周期（振荡周期 0.6ms）前熄弧，电流完全换流至转移支路；开断反向电流时，耦合负压产生振荡电压使快速机械开关在 3/4 个振荡周期前熄弧，电流完全换流至转移支路。

$t_3 \sim t_4$：转移支路电力电子开关导通电流，主支路快速机械开关触头距离继续增加。t_4 时刻之前触头间隙建立起能够承受开断过电压的绝缘开距，t_4 时刻转移支路电力电子开关关断。

$t_4 \sim t_5$：转移支路电力电子开关关断后，电流先转移至并联的缓冲电容，当缓冲电容电压超过能量吸收支路避雷器动作电压时，电流换流至能量吸收支路。

$t_5 \sim t_6$：短路电流流过避雷器支路，避雷器残压高于系统运行电压，故障电流逐步衰减，t_6 时刻（小于 100ms）电流衰减至 150mA 以下，故障清除。

$t_6 \sim t_7$：高压直流断路器保持开断状态。t_7 时刻接收到重合闸指令，开始执行重合闸操作，转移支路电力电子开关导通电流。

$t_7 \sim t_8$：系统电流上升，若系统故障消除，则电流维持在较低水平，在判断系统正常无故障后，合闸快速机械开关。在快速机械开关完成合闸后，关断转移支路电力电子开关，电流转移至主通流支路。若系统故障未消除，则电流上升到整定值以上，t_8 时刻接收到重合闸失败指令，开始执行转移支路电力电子开关关断操作，关断故障电流。

$t_8 \sim t_9$：转移支路电力电子开关关断后，电流先转移至并联的缓冲电容，当缓冲电容电压超过能量吸收支路避雷器动作电压时，电流换流至耗能支路并逐渐衰减至零。

2.2.3　耦合负压式高压直流断路器二次系统

高压直流断路器控制、保护及监视系统（DBC 系统）的目的在于满足对快速机械开关、多级 IEGT 电力电子开关、耦合负压回路的控制需求，通过对各个子模块的独立控制，进而实现对整个高压直流断路器的控制。同时，DBC 系统具备高压直流断路器本体保护功能，配合站内的直流控制保护系统，构成完整的换流站控制保护系统，确保在极端故障情况下高压直流断路器本体的安全。

DBC 系统能够完成对高压直流断路器各模块组件状态信息的采集，统计与记录相关数据，并进行分析，正确地指示各设备及系统的运行情况，实时反映监控结果，进而更好地保证高压直流断路器的安全可靠运行。

如图 2-25 所示，高压直流断路器控制主机系统对上接收柔性直流控制系统、换流变压器保护系统、线路保护系统、母线保护系统、极保护系统的命令，其中换流变压器保护系统、线路保护系统、母线保护系统、极保护系统命令支持按照"三取二"的方式进行执行。图中总支路、主支路和转移支路均配备了光电流互感器，用于采集支路中的电流。每个电流互感器配置 4 个光纤传感环，用于采集电流模拟量。每个光纤传感环采集完毕后将电流值分别送往 4 套"本体过电流保护/合并单元一体化装置"，其中一套为冷备用，"本体过电流保护/

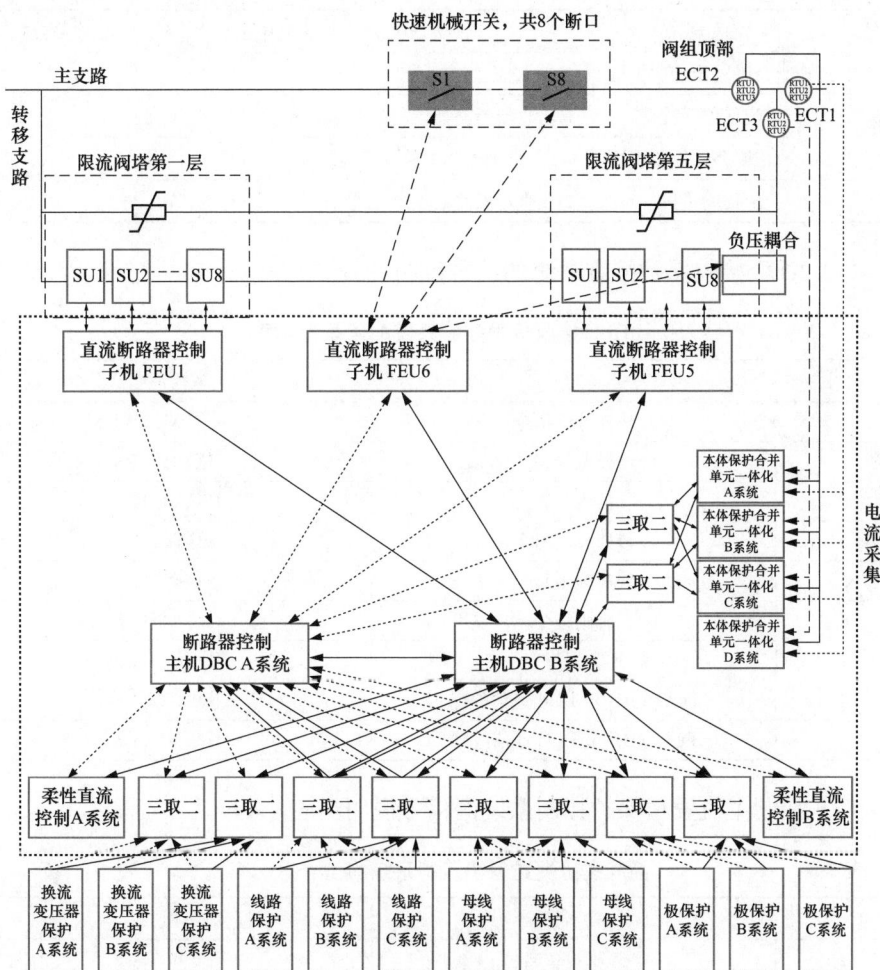

图 2-25　高压直流断路器控保系统配置方案示意图

31

合并单元一体化装置"同时具备电流表互感器合并单元功能和断路器本体过电流保护功能。本设计方案在接收到光纤传感环采集数据的同时就能够进行本体保护功能的运算，判断结果送"三取二数据选择装置"进行数据三取二，然后将最终数据送往 A 套和 B 套高压直流断路器控制主机 DBC 系统，缩短了本体过电流保护动作时间。

高压直流断路器控制系统与直流控制保护系统接口设计要求如下：

（1）为了保证动作的快速性，直流控制保护系统到高压直流断路器的跳闸信号使用 5MHz/50kHz 高频调制信号，其他信号通过 IEC 60044-8 协议连接。物理接口见表 2-1。

表 2-1   物 理 接 口 表

序号	发送端	接收端	接口类型（DBC 侧）	连接方式
1	高压直流断路器控制主机	直流保护系统	LC	多模双芯跳纤
2	直流保护系统	高压直流断路器控制主机	LC	
3	高压直流断路器控制主机	直流控制主机	LC	多模双芯跳纤
4	直流控制主机	高压直流断路器控制主机	LC	

（2）DBC 接收保护控制系统的信号说明见表 2-2。

表 2-2   DBC 接收保护控制系统的信号说明表

序号	指令	备注说明
1	快速分闸指令	FSK（5M/50kHz）
2	设备标识	IEC 60044-8
3	值班状态	IEC 60044-8
4	慢速分闸指令	IEC 60044-8
5	快速分闸指令	IEC 60044-8
6	合闸指令	IEC 60044-8
7	重合闸指令	IEC 60044-8
8	DBC（A）至 DCC 通信故障	IEC 60044-8
9	DBC（B）至 DCC 通信故障	IEC 60044-8

（3）控制主机发送保护控制系统的信号说明见表 2-3。

表 2-3   控制主机发送保护控制系统的信号说明表

序号	信号名称	备注说明
1	逻辑设备名	IEC 60044-8
2	值班状态	IEC 60044-8

序号	信号名称	备注说明
3	分位状态	IEC 60044-8
4	合位状态	IEC 60044-8
5	允许慢速分闸状态	IEC 60044-8
6	允许快速分闸状态	IEC 60044-8
7	允许合闸状态	IEC 60044-8
8	断路器失灵状态	IEC 60044-8
9	DBC_OK	IEC 60044-8

2.2.4　耦合负压式高压直流断路器辅助系统

供能系统主要包括 UPS、供能开关柜、主供能变压器、主支路供能系统以及转移支路供能系统。535kV 供能变压器，是供能系统中最关键的设备，其对地绝缘水平与整机绝缘水平相同。

（1）主支路供能系统设计原理如图 2-26 所示。主供能变压器直接给第一个机械开关和后级串联的 110kV 机械开关隔离变压器供电，第一个 110kV 机械开关隔离变压器给第二个隔离开关及后级串联的隔离变压器供电，依此类推，第七个隔离变压器给第八个隔离开关供电，所有机械开关的供能均实现了有效隔离。

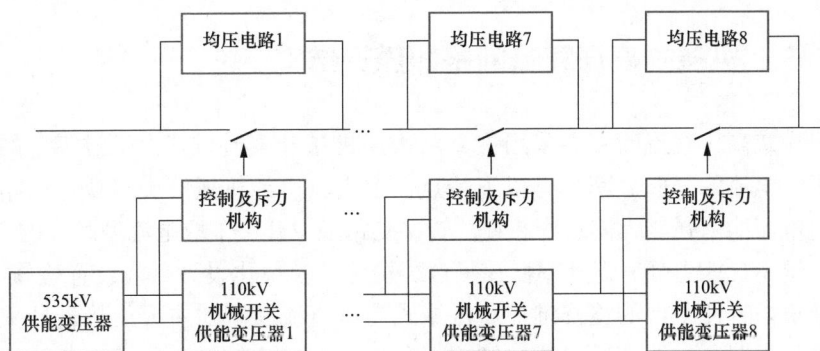

图 2-26　主支路供能系统原理图

（2）转移支路共由若干层电力电子阀层和一个耦合负压装置组成，主供能变压器直接给耦合负压装置供电。合闸状态下，转移支路只承受快速机械开关两端之间的电压，电压远不到 1kV，在分闸状态下，转移支路电力电子开关、耦合负压装置工作在不同的电位，使用工频 110kV 供能变压器进行隔离。第一个 110kV 阀塔供能变压器给后级隔离变压器和第一阀层供电，依此类推，第五个 110kV 阀塔供能变压器给第五层阀塔供电，转移支路供能系统设计原理如

图 2-27 所示。

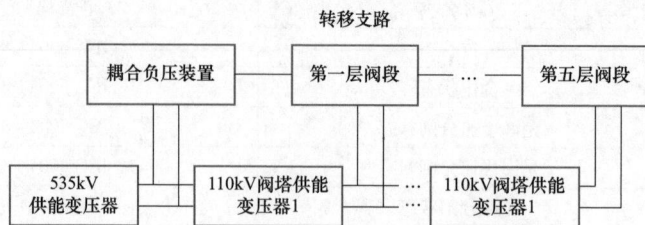

图 2-27　转移支路供能系统原理图

（3）供能监视系统采集 UPS 及供能开关柜控制单元上送的开关量、模拟量数据，下发供能开关柜的投切指令，对采集到的信息进行整理上送监控后台。其工作原理如图 2-28 所示。

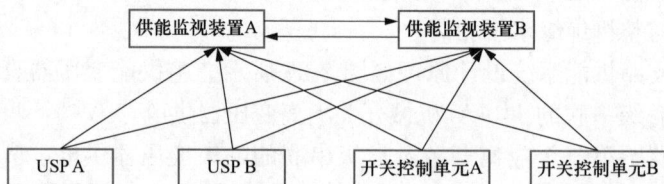

图 2-28　供能监视系统工作原理图

2.3　机械式高压直流断路器原理结构

机械式高压直流断路器采用主支路快速机械开关通过"人工过零"的原理实现承载电流的开断。其具有以下特点：主支路由纯机械开关组成，回路损耗小，过电流能力强，无需水冷装置；转移支路触发开关采取电流型触发的 IGCT 器件，抗干扰能力强，误动率低；平台结构化、模块化设计，内设置检修滑轨、检修通道，方便平台的检修维护。机械式高压直流断路器主要由机械开关主支路、转移支路和耗能支路组成，结构上分为主支路、耗能避雷器、转移支路及缓冲回路四个平台。

主支路：由若干个快速断路器断口组成，其中 1 个断口作为冗余。

缓冲回路：主要用来限制断路器开断后的断口恢复电压上升率，主要由缓冲电容、缓冲电容并联电阻及缓冲电容限流电阻组成。

转移支路：由储能电容、振荡电感、充电电容、避雷器限流电阻、充电电容限流电阻、放电避雷器、IGCT 模块组成。储能电容、振荡电感及 IGCT 模块串联，构成转移支路主回路；放电避雷器通过避雷器限流电阻与储能电容并联，充电电容通过充电电容限流电阻、避雷器限流电阻与储能电容并联。

耗能支路：由多个避雷器组串联构成，每组避雷器由多柱并联组成，用于抑制开断过电压和吸收线路及平抗储存能量。每一组避雷器与快速机械开关断口并联，同时起到断口均压的作用，如图 2-29 所示。

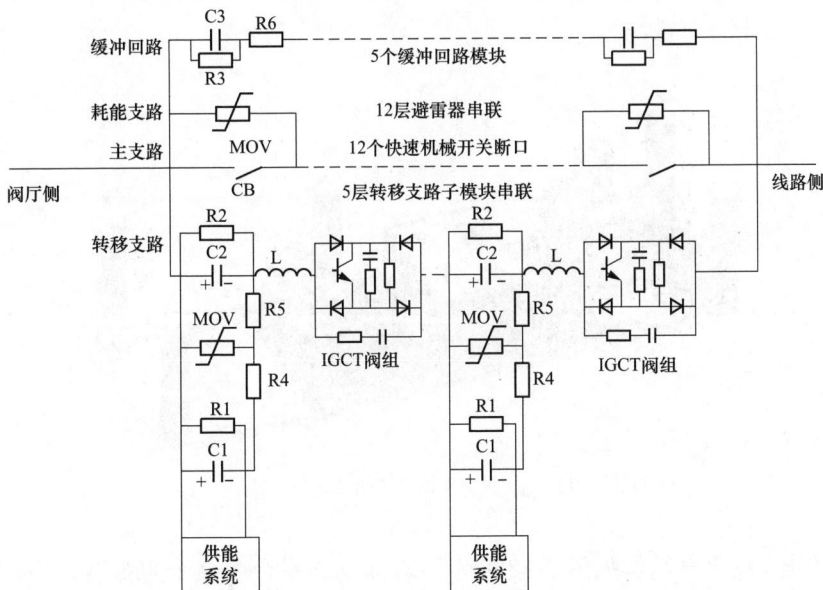

图 2-29　机械式高压直流断路器整体拓扑图

2.3.1　机械式高压直流断路器基本结构

机械式高压直流断路器整体结构图如图 2-30 所示。

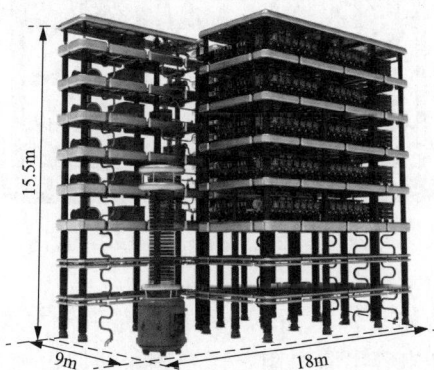

图 2-30　机械式高压直流断路器整体结构图

35

主支路平台结构如图 2-31 所示。主支路平台由多断口快速断路器串联构成，用于导通与开断直流系统电流。主支路由若干个快速机械断口组成，其中 1 个断口作为冗余，主支路分 6 层平台布置，每层平台 2 个断口。主支路缓冲回路主要用来限制断路器开断后的断口恢复电压上升率，其主要由缓冲电容、缓冲电容并联电阻及缓冲电容限流电阻组成。其为独立的平台布置方式，分成 5 个模块，5 层平台布置。

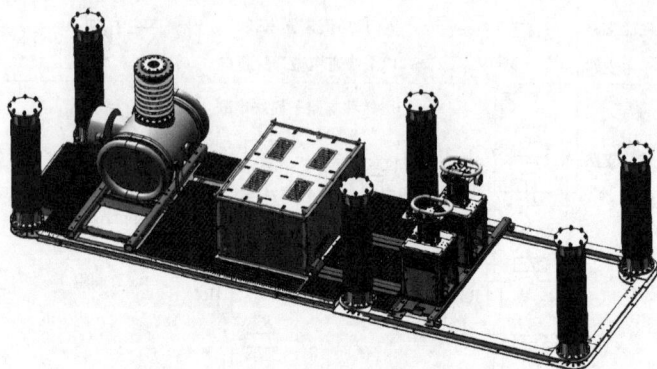

图 2-31　主支路平台单层结构图

耗能支路平台结构如图 2-32 所示。耗能支路平台由多个避雷器组串、并联构成，用于抑制开断过电压和吸收线路及平波电抗器储存能量。避雷器分为若干组串联，每一组与快速断路器断口并联，同时起到断口均压的作用，其与快速断路器布置于同一平台。

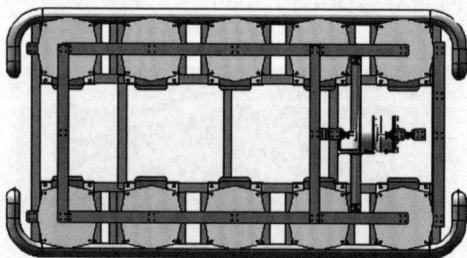

图 2-32　耗能支路平台单层结构图

缓冲回路平台结构如图 2-33 所示。缓冲回路平台主要部件为缓冲电容、缓冲电容并联电阻、缓冲电容串联电阻，以及测量线路电流的 OCT。缓冲回路平台共 10 层，第一层放置管形母线及 OCT，其他层放置缓冲电容、电阻。

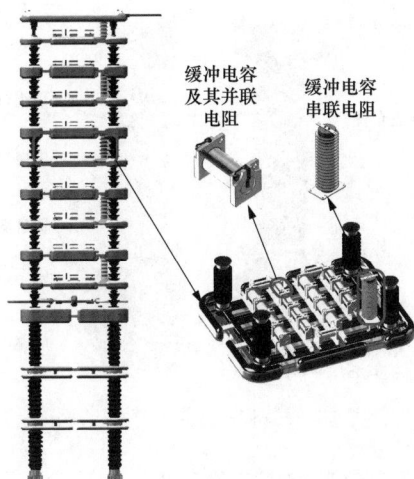

图 2-33　缓冲回路平台结构图

转移支路平台结构如图 2-34 所示。转移支路平台由储能电容、振荡电感、充电电容、储能电容放电电阻、充电电容限流电阻、放电避雷器、IGCT 模块组成。储能电容、振荡电感及 IGCT 模块串联，构成转移支路主回路；放电避雷器通过储能电容放电电阻与储能电容并联，充电电容通过充电电容限流电阻、储能电容放电电阻与储能电容并联。

图 2-34　转移支路平台单层结构图

主供能变压器结构如图 2-35 所示。供能系统由 UPS、500kV 主供能变压器、快速断路器供电隔离变压器组、转移支路供电隔离变压器组、升压变压器组成，分别完成对快速断路器驱动柜供电，储能及充电电容供电，以及 IGCT 模块等供电。

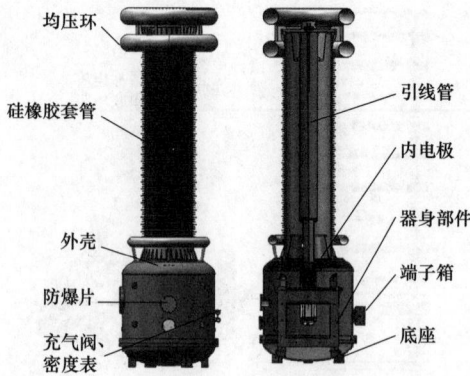

图 2-35　535kV 供能变压器结构图

2.3.2　机械式高压直流断路器工作原理

以张北柔性直流输电工程机械式高压直流断路器为例，分闸控制时序图如图 2-36 所示。

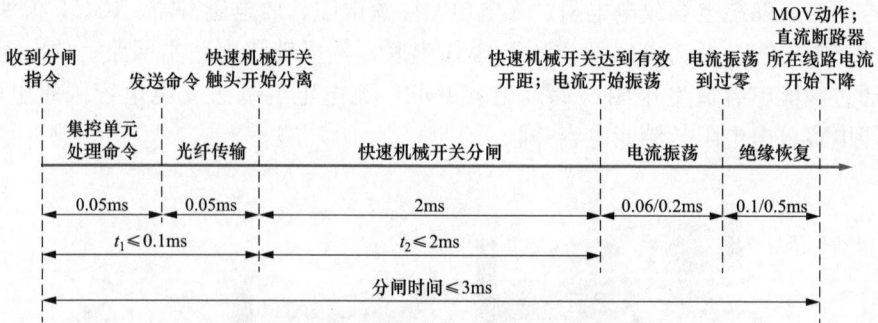

图 2-36　机械式高压直流断路器快速分闸过程时序图

机械式高压直流断路器分闸全部为快分，原理如下：

（1）高压直流断路器收到分闸命令后，主支路快速机械开关开始分闸，2ms 后快速机械开关到达有效开距位置。

（2）转移支路 IGCT 触发开关导通，转移支路产生高频振荡电流，与主支路电流叠加产生电流过零点，主支路快速机械开关电弧熄灭，主支路电流开断。

（3）线路电流转移至转移支路，给储能电容充电。储能电容电压上升至耗能支路避雷器动作电压，避雷器动作，实现能量耗散和电流清除。

（4）转移支路 IGCT 触发导通一定延时后关断，实现转移支路小电流的清除。

合闸原理：高压直流断路器收到合闸命令后，主支路快速机械开关执行合闸指令，合闸过程时序图如图 2-37 所示。

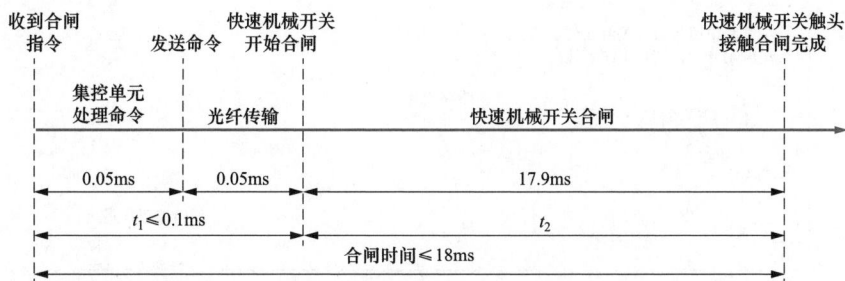

图 2-37 机械式高压直流断路器合闸过程时序图

重合闸控制：断路器的重合闸动作控制时序，其过程中的分闸、合闸执行逻辑与分闸、合闸相同。只是在合闸后增加了合闸过电流自保护判断逻辑，即断路器检测到合闸后 线路电流大于 6.8kA，断路器进行自分闸操作。在重合闸完成后，为防止避雷器过热增加了相应的自锁功能。即在避雷器自锁期间内，断路器不会有再次分合闸动作。重合闸过程时序图如图 2-38 所示。

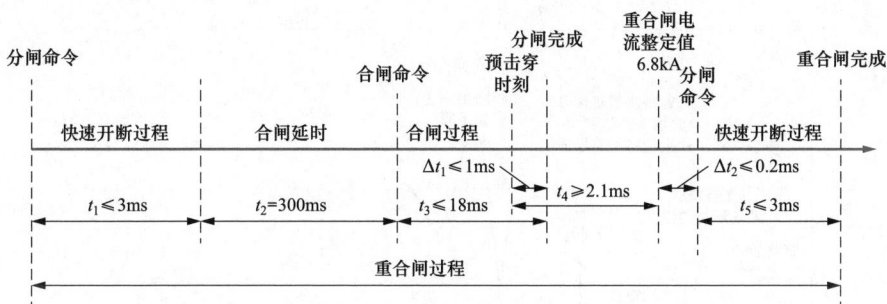

图 2-38 机械式高压直流断路器重合闸过程时序图

直流系统发生短路故障时，机械式高压直流断路器动作时序及整体应力如图 2-39 所示，其动作过程如下。

$t_0 \sim t_1$：t_0 时刻之前，高压直流断路器主支路流过系统正常电流。t_0 时刻发生短路故障，t_0 至 t_1 时间为系统保护检测动作时间。t_1 时刻断路器接收到保护动作命令，快速机械开关执行分闸命令。

$t_1 \sim t_2$：主支路快速机械开关运动到指定开断开距，t_2 时刻转移支路触发开关动作。

$t_2 \sim t_3$：转移支路触发开关导通后，电感、电容开始振荡，转移支路振荡电路与主支路电流进行叠加，在 t_3 时刻主支路产生电流过零点，主支路快速机械开关熄弧，主支路电流开断。

$t_3 \sim t_4$：线路对转移支路电容充电，电容器完成充电后线路电流开始下降，避雷器两端建立断口过电压，避雷器动作，线路电流转移至避雷器回路。

39

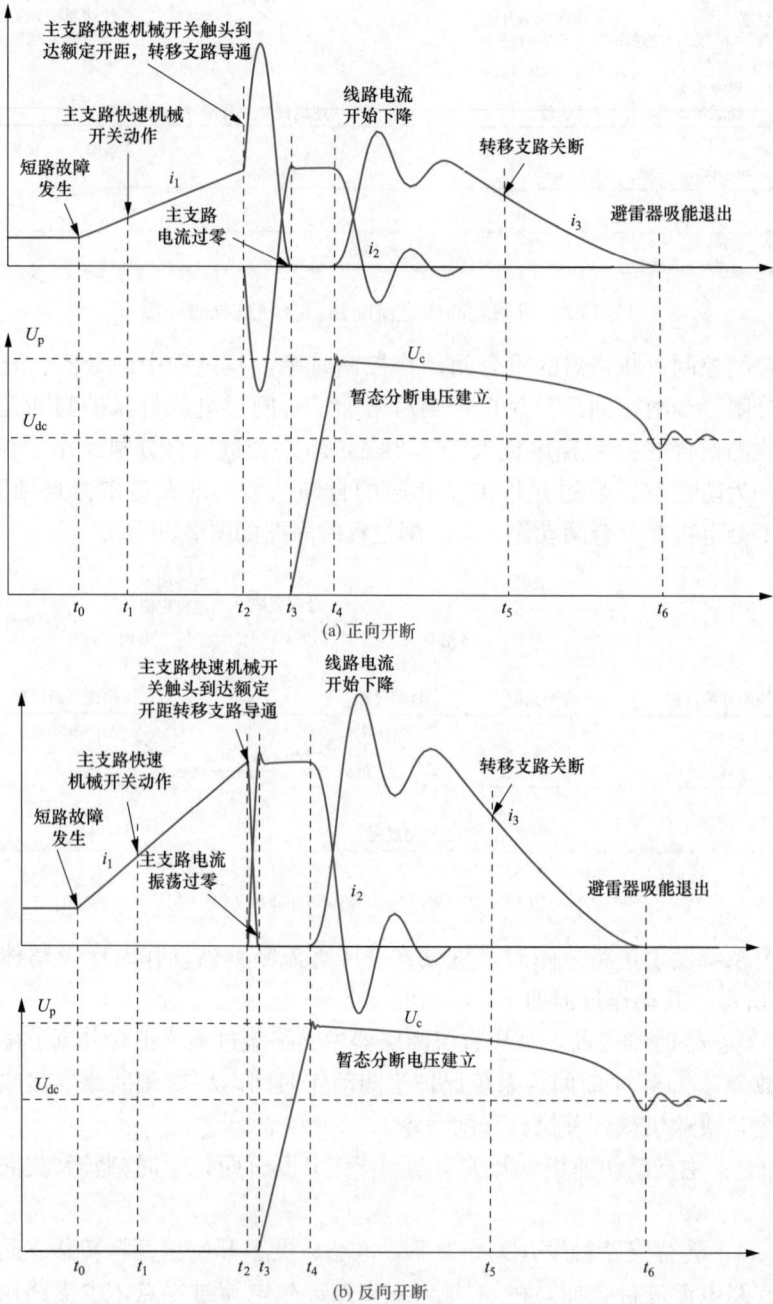

图 2-39　机械式高压直流断路器动作时序及整体应力图

i_1—主支路电流；i_2—转移支路电流；i_3—耗能支路电流；U_p—瞬态开断电压峰值；

U_c—瞬态开断电压；U_{dc}—恢复电压

$t_4 \sim t_5$：短路电流流过避雷器支路，部分短路电流流过转移支路；t_5 时刻转移支路关断，转移直流流过故障电流减小至零。

$t_5 \sim t_6$：短路电流全部流过避雷器支路，避雷器残压高于系统运行电压，故障电流逐步衰减，t_6 时刻衰减至零，故障清除。

2.3.3　机械式高压直流断路器二次系统

机械式高压直流断路器二次系统分为控制和保护两部分。控制系统接收直流控制和各保护的分合闸命令，实现高压直流断路器主支路快速机械开关和转移支路电子器件的动作控制，以及本体的电流、电压、状态的采集和综合判断，控制系统架构如图 2-40 所示。保护系统实现合闸过电流保护和主支路过电流保护功能，保护系统架构如图 2-41 所示。

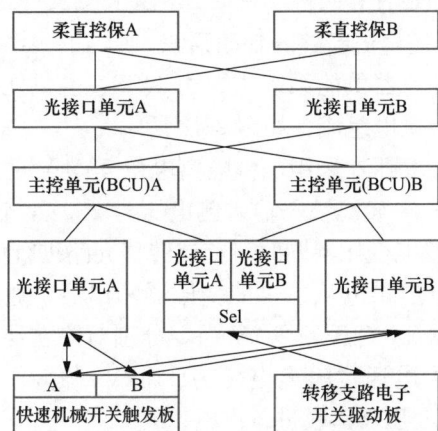

图 2-40　机械式高压直流断路器控制系统架构

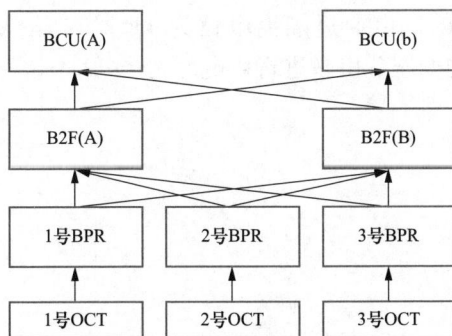

图 2-41　机械式高压直流断路器保护系统架构

控制系统采用双套冗余配置，正常运行时采用"一主一备"模式。两套控制均采取独立的数据采集系统，保证单套异常时不影响另一套系统运行。

控制系统含有集控单元、快速机械开关驱动单元、光接口单元。机械开关驱动单元位于本体上的驱动柜中。高压直流断路器集控单元主要完成断路器控制及本体自保护告警功能。控制功能包括：响应直流控制系统的分闸、合闸控制功能，以及响应直流保护系统的跳闸、重合闸功能。

本体自保护告警功能包括：断路器误分保护、断路器误合保护、断路器驱动回路电压监测、避雷器状态监测、避雷器吸能保护、避雷器动作次数监测、IGCT 过电流保护、IGCT 冗余监测、IGCT 状态监测、转移支路电压保护等。

高压直流断路器保护单元主要完成反应系统故障的断路器保护功能：合闸过电流保护、主支路过电流保护。保护系统采用三套冗余配置，通过两台"三取二"装置进行判别后发送至集控单元，实现合闸过电流跳闸和主支路过电流闭锁的功能。三套保护装置和两台"三取二"装置交叉连接，均正常运行。

2.3.4 机械式高压直流断路器辅助系统

机械式高压直流断路器供能系统主要由 UPS、主供能变压器、转移支路分层供电及机械开关分层供电组成，如图 2-42 所示。

(1) 535kV 主供能变压器采用一台隔离电位 535kV 的 SF_6 气体变压器实现高电位的供能，额定容量 50kVA，输入侧电压为 220V，输出电压为 234V，短路阻抗小于 15%；主供能变压器同时对首层转移支路进行供能。

(2) 转移支路的分层供电从主供能变压器输出后，通过隔离电位为 115kV 的转移支路供能变压器 T1 升压到 247V 后，分别对除首层外的其余 4 层转移支路供电，各层之间的供电通过隔离电位为 115kV、输入/输出电压都为 240V、额定容量为 30kVA 的变压器串联进行供电。

(3) 快速机械开关的分层供电从主供能变压器输出后，通过隔离电位为 115kV 的快速机械开关供能变压器 Tg1 分别对 5 层快速机械开关的驱动柜回路进行供电，各层之间的供电通过隔离电位为 115kV、输入/输出电压为 240V、额定容量为 15kVA 的变压器串联进行供电。

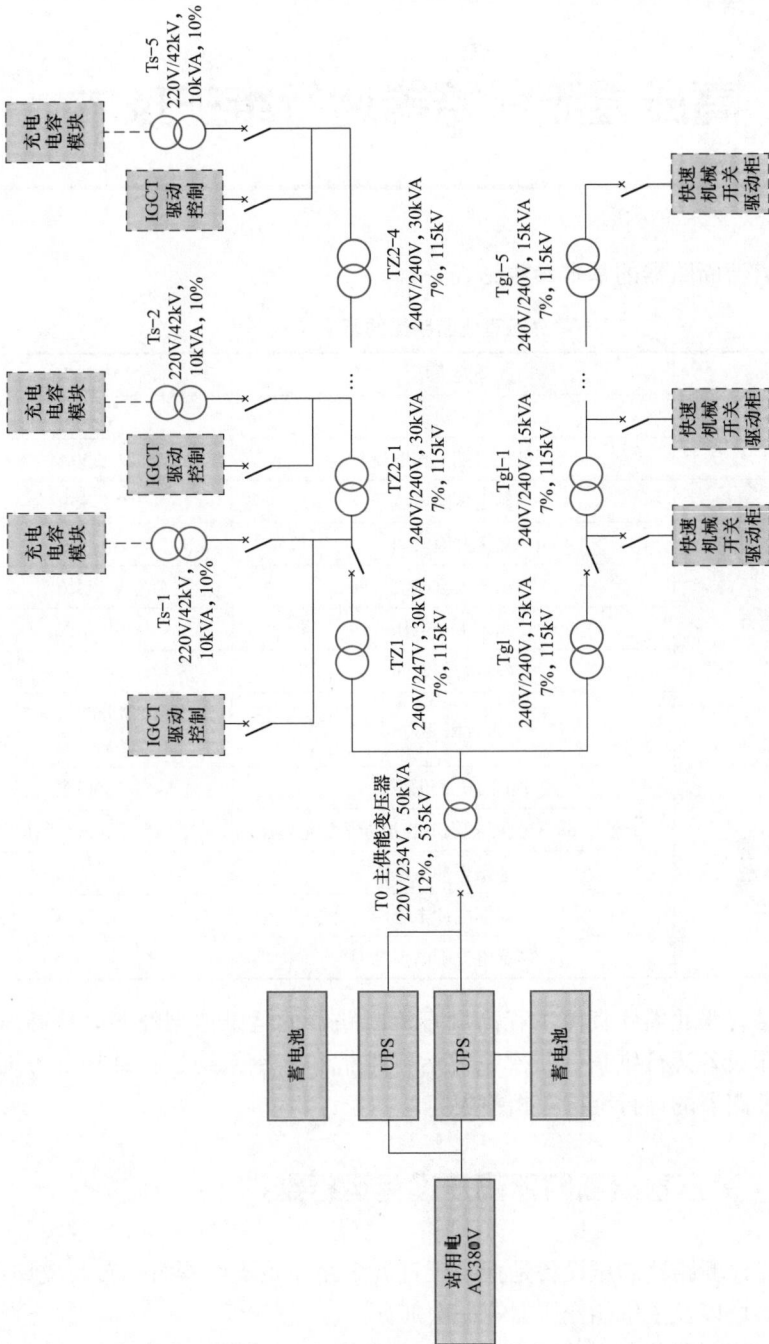

图 2-42　机械式高压直流断路器供能系统拓扑结构

第 3 章

高压直流断路器运行维护技术

高压直流断路器的基本参数见表 3-1。

表 3-1 高压直流断路器的基本参数

基本参数	额定电压	535kV
	额定电流	3000A
	最大长期工作电流	3300A
开断能力	额定短路电流	25kA
	额定开断时间	<3ms
	额定关合电流	4.5kA
	额定关合电压	535kV
	额定合闸时间	<50ms
	重合闸能力	直流断路器分闸（O）-0.3ms-重合闸后分闸（CO）
绝缘水平	端间 1h 直流耐压	600kV
	对地 1min 直流耐压及 3h 直流局部放电电压	856kV/1min，589kV/3h
	对地操作冲击电压	1175kV
	对地雷电冲击电压	1350kV
	额定电流下的损耗	<80kW

本章结合张北柔性直流工程高压直流断路器的运维典型经验，从高压直流断路器高压设备运行维护、二次系统运行维护和水冷系统运行维护等方面介绍高压直流断路器的运行维护等相关内容。

3.1 高压直流断路器高压设备运行维护

高压直流断路器高压设备是指高压直流断路器主支路阀塔、转移支路阀塔、耗能支路阀塔以及主供能变压器等一次部分。

高压直流断路器主支路阀塔包括主支路快速机械开关、快速机械开关驱动柜、主支路电力电子模块及供能系统等附属设备；转移支路阀塔由转移支路电力电子模块、电容器组、电抗器组、负压耦合装置以及供能系统等附属设备构成；耗能支路阀塔由多组避雷器并联后串联组成。

高压直流断路器采用支撑式设计，运行维护过程中需要进行登高操作，工作前需要将高压直流断路器设备相关的图纸资料、维护检修手册、维护检修方案、维护检修进度计划表和点检表、维护检修安全须知及注意事项等技术文件准备齐全，作业人员需要通过设备维护检修等方面的技术培训和相关的安全及注意事项培训后才可携带设备维护检修手册要求准备相关的工器具进入现场进行运行维护工作。主要工器具清单见表 3-2，辅料清单见表 3-3，危险点预控措施见表 3-4。

表 3-2　　　　　　　　　　　主 要 工 器 具 清 单

序号	名称	型号、规格、参数	数量
1	力矩扳手	5～25N·m（1/4） 20～100N·m（1/2） 20～100N·m（φ16） 60～300N·m（1/2） 60～300N·m（φ16） 110～550N·m（φ22）	各2
2	活动扳手	12、18、24 寸	各2
3	旋具套筒	3、4、5、6、8、10、14mm	各2
4	内六角扳手	3、4、5、6、8、10、14mm	各2
5	棘轮扳手	13、16、18、24、30mm	各2
6	套筒	13、16、18、24、30、36mm（1/2，根据使用情况而定）	各2
7	开口扳头	13、16、18、24、30、36mm	各2
8	十字螺钉旋具	中号	2
9	一字螺钉旋具	中号	2
10	柔性吊带（合成纤维吊装带）	4t/5m 长	4 根
11	柔性吊带（合成纤维吊装带）	4t/1m 长	4 根
12	柔性吊带（合成纤维吊装带）	4t/3m 长	4 根
13	柔性吊带（合成纤维吊装带）	2t/2m 长	4 根
14	手拉葫芦	5t	2 副
15	卸扣	4t	8
16	卸扣	2t	8
17	吊环螺钉	M12、M16、M20	各4
18	真空泵	管路接口与供能变压器一致	1

续表

序号	名称	型号、规格、参数	数量
19	直流电阻测试仪	CR-IIIB	1
20	卷尺	10m	1
21	钢板尺	300mm	1
22	钢板尺	1000mm	1
23	游标卡尺	150mm	1
24	吸尘器	1000～2000W（在吸管上配接细头嘴管和加长管）	2
25	移动电源	AC220V/380V，30m 以上	1
26	照明设备	200W	2
27	小撬棍	—	6
28	安全帽	1个/人	—
29	安全带	1个/人	—

表 3-3　　　　　　　　　　　　辅　料　清　单

序号	名称	数量/间隔	用途
1	无水乙醇	2～3kg	零部件清理
2	记号笔（红、蓝）	2套	做紧固记号
3	无毛纸	100～150 张	零部件清理
4	百洁布	4块	零部件清理
5	螺纹锁固剂 243	1支	螺栓、牛眼轮紧固
6	OKSVP980 润滑脂	1支	导体清理
7	白棉手套	1袋	装配用
8	塑料薄膜（0.06mm）	2卷	产品防护
9	防尘罩（大、小）	10个	产品防护
10	气泡垫	2卷	产品防护
11	打包带	1卷	零部件包装用

注　表中的数量依具体情况而定。

表 3-4　　　　　　　　　　危 险 点 预 控 措 施

类型	危险点	预控措施
高空坠落	人员不符合要求	1）凡参加高处作业的人员，应每年进行一次体格检查。患有禁忌症、高血压、心脏病的人员不得参加高处作业。 2）高处作业人员必须经过相关教育培训并经考试合格，取得高空作业证

续表

类型	危险点	预控措施
高空坠落	着装不符合要求	高处作业人员应衣着灵便，穿软底鞋
	安全带使用不规范	1）塔上、地面设安全监护人，及时监督其系好安全带。 2）高处作业人员必须系好安全带。安全带必须拴在牢固的构件上，不得低挂高用。施工过程中，应随时检查安全带是否拴牢。 3）每次使用前，必须进行外观检查，安全带（绳）断股、霉变、虫蛀、损伤或铁环有裂纹、挂钩变形、接口缝线脱开等严禁使用
	随意抛扔工具、物料	高处作业人员不得随意向地面抛扔工器具、物料等
	高空落物	1）进入施工区的人员必须正确佩戴安全帽，帽带要系紧。 2）作业面边缘设置安全围栏，严禁行人入内或逗留。 3）相关的物品防坠落措施
触电	邻近带电部位作业	1）加强监护，控制和限制作业人员的活动范围。 2）采取停电措施或搭设跨越围栏
	感应电伤人	作业机具和设备加挂牢固的接地线
机械伤害	工器具失灵	1）选用的工器具合格、可靠，严禁以小代大。 2）工器具受力后检查受力状况
车辆伤害	升降平台的使用	1）正确使用升降平台，严格按升降平台操作维护要求使用。 2）升降平台操作作业人员必须经过相关教育培训。 3）升降平台在作业区域内行走时，要有监护人进行看管，防止升降平台的操作伤害其他操作人员和设备

3.1.1　日常巡视项目、巡视周期

巡视主要包含例行巡视、全面巡视、熄灯巡视、特殊巡视四种巡视。

1. 例行巡视

例行巡视是指对站内设备外观、异常声响、消防系统完好性，高压直流断路器运行环境、一般缺陷和隐患跟踪检查等方面的常规性巡查，具体巡视按照现场运行规程执行，主要内容包含：

（1）高压直流断路器每日巡视，每周至少进行一次夜间熄灯检查，确保分合闸位置指示器正确，分合到位。

（2）关灯检查高压直流断路器快速机械开关、电抗器、避雷器、光纤等设备有无异常放电。

（3）检查高压直流断路器各部位有无火苗、烟雾、异味、异响和振动。

（4）检查高压直流断路器整体各部位包括屏蔽罩、底盘及内部有无漏水现象，以及避雷器、管形母线、阀厅地面、墙壁有无水迹。

第3章

（5）检查高压直流断路器内部、阀厅地面是否清洁，有无杂物。

（6）检查高压直流断路器的 MOV、支柱绝缘子有无放电痕迹。

（7）检查阀厅温度、湿度是否正常。

（8）保证断路器的供能系统完备可靠，操动机构性能完好，工作压力应在规定范围内。

（9）断路器需要保证在铭牌规定的参数内运行。在正常运行时，断路器的工作电流、最大工作电压不得超过规定值。断路器安装地点的系统短路电流不得超过断路器的铭牌额定值。当断路器通过短路电流时，应满足动稳定和热稳定条件。

2. 全面巡视

全面巡视是指在例行巡视项目的基础上，对高压直流断路器进行详细检查，记录设备运行数据，检查设备污秽情况，检查防火、防小动物防误闭锁等有无漏洞，检查接地网及引线是否完好等方面。巡视主要内容包含：

（1）检查高压直流断路器监控设备正常；重点检查监控系统有无异常告警，控制保护设备运行是否正常。

（2）检查阀厅火灾报警系统有无报警和异常。

（3）每日记录高压直流断路器电力电子开关损坏数量，检查损坏数量应小于冗余数。

（4）每日交接班后和巡视检查前应检查运行人员工作站各界面有无高压直流断路器相关的故障、异常信息，重点检查事件列表中故障列表。

3. 熄灯巡视

熄灯巡视是指夜间熄灯开展的巡视，重点检查设备有无电晕、放电，接头有无过热的现象，熄灯巡视主要包含：

（1）重点检查阀厅内触头、引线、接头、线夹有无发热，绝缘子表面有无放电现象，阀塔有无异常放电点。

（2）检查支柱绝缘子有无电晕、闪络、放电痕迹。

4. 特殊巡视

特殊巡视是指设备运行环境、方式变化而开展的巡视。遇有以下情况，应进行特殊巡视：

（1）新建工程的高压直流断路器第一次带电时应进行关灯检查，观察高压直流断路器内是否有异常放电点。

（2）设备新投入运行、设备变动、设备经过检修、改造或长期停运重新投入运行后，应进行特殊巡视。

（3）迎峰度夏、迎峰度冬及特殊保电期间，应增加巡视频次。

（4）设备存在缺陷和隐患时，应根据设备具体情况增加巡视频次。

（5）遇到大风、暴雨天气时，应对阀厅墙壁、阀控室、阀厅顶部排烟窗、防雨百叶边缘及其他开孔处进行特殊巡视，发现渗水现象应立即进行处理。

（6）大风天气后应对阀厅屋顶固定情况进行特殊巡视检查。

（7）电网供电可靠性下降或存在发生较大电网事故（事件）风险时段进行特殊巡视检查。

3.1.2　日常操作流程

高压直流断路器的日常操作流程包括各状态间的切换。

（1）检修状态。

1）设置高压直流断路器检修状态方可进行高压直流断路器检修工作。

2）检修状态不响应直流控制保护的保护指令。

（2）运行状态。

1）设置高压直流断路器运行状态，方可带电正常运行。

2）运行状态下依据高压直流断路器控制保护指令。

1. 高压直流断路器检修状态转运行状态操作步骤

步骤1：在高压直流断路器工程师站监视界面状态栏，确认高压直流断路器现在的状态，如图 3-1 所示。

1）高压直流断路器工作模式为"检修"（红色代表光字牌显示有效）。

2）高压直流断路器"分位"有效。

3）高压直流断路器"快分允许"有效、"慢分允许"有效、"合闸允许"有效。

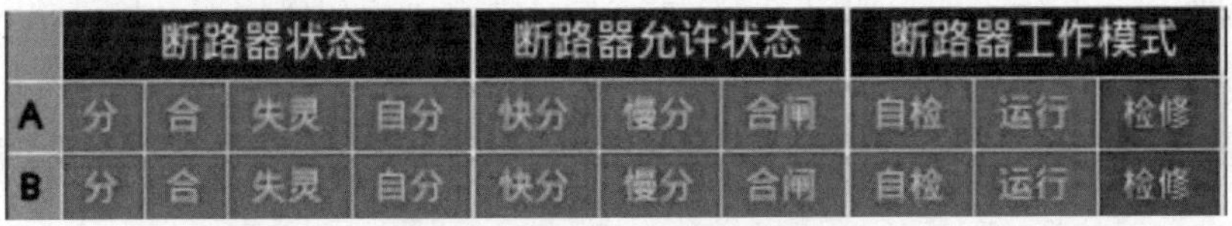

	断路器状态				断路器允许状态			断路器工作模式		
A	分	合	失灵	自分	快分	慢分	合闸	自检	运行	检修
B	分	合	失灵	自分	快分	慢分	合闸	自检	运行	检修

图 3-1　高压直流断路器监控后台状态信息截图

步骤2：待确认上述状态满足时，在对应断路器的阀控小室，将高压直流断路器控制屏柜 A、B 的"检修/运行"旋钮把手，设置为运行状态，此时对应屏柜的运行状态指示灯亮，说明现场设置运行状态成功。

步骤3：高压直流断路器工程师站"主接线"监视界面，确认工作模式"运行"有效（对应光字牌变红），表示高压直流断路器转"运行状态"成功，若高压直流断路器本体存在故障未复归，高压直流断路器无法转入"运行状态"，进入工作模式。

2. 高压直流断路器由运行状态转检修状态操作步骤

步骤1：高压直流断路器工程师站"主接线"监视界面，确认待检修断路器两侧的隔离开关处于分位且接地开关处于合位状态，如图 3-2 所示。

49

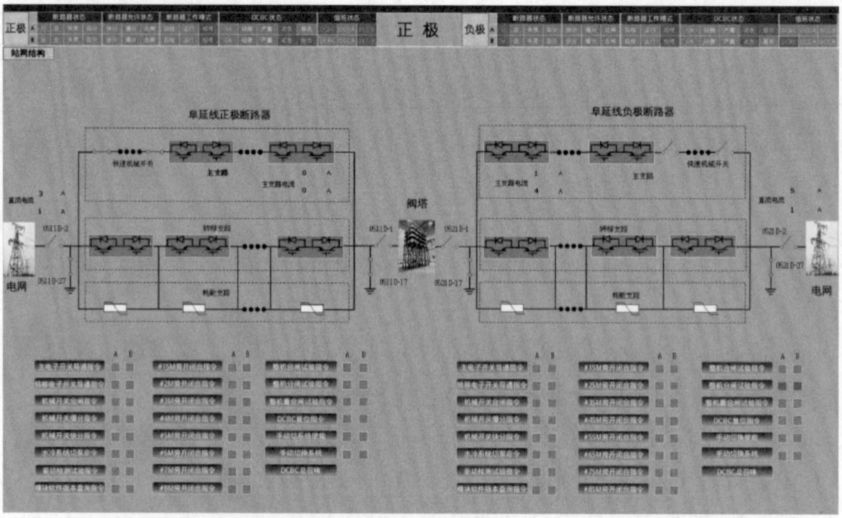

图 3-2　高压直流断路器工程师站"主接线"监视界面截图

步骤 2：在对应断路器的阀控小室，将高压直流断路器控制屏柜 A、B 的"检修/运行"旋钮，设置为"检修"。

步骤 3：高压直流断路器工程师"主接线"监视界面，确认工作模式"检修"有效（对应光字牌变红），表示断路器转检修成功。

步骤 4：确认断路器转检修后，高压直流断路器工程师站"电子开关"界面下"模块电压"子界面，如图 3-3 所示，确认所有子模块电压均不超过 60V（电子开关关断后电压在 55V 左右）。

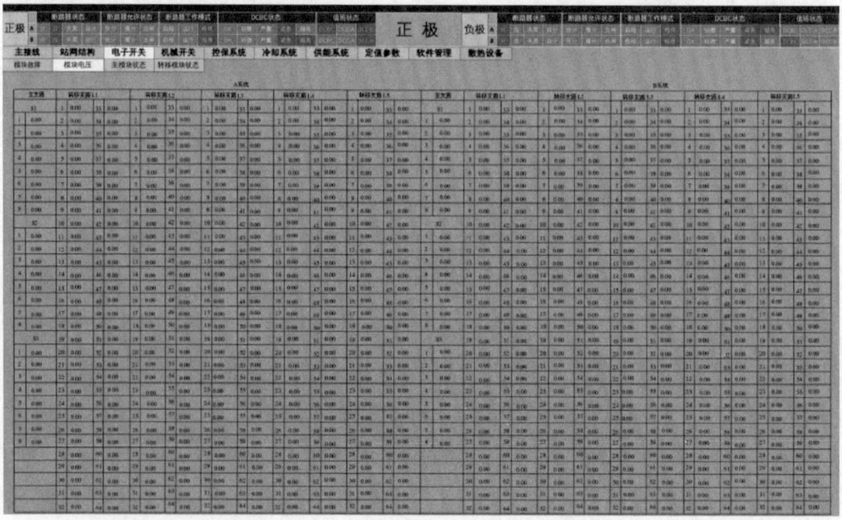

图 3-3　转检修后高压直流断路器电力电子开关模块电压截图

步骤 5：在水冷控制室断路器供能开关屏柜，通过"就地/远方"把手和"分闸"按钮操作，如图 3-4 所示，来完成断路器供能系统掉电。如图 3-5 所示，供能开关屏输出电流显示为 0 后，方可攀登断路器阀塔。

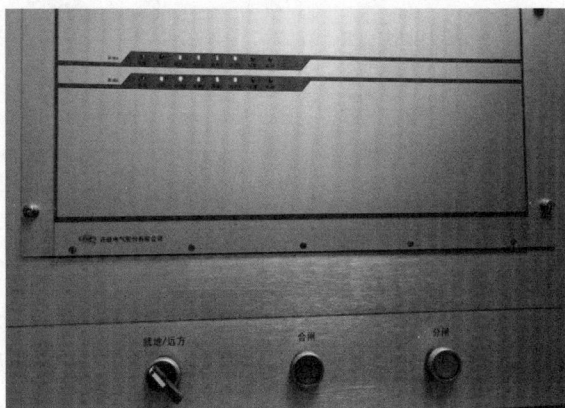

图 3-4　高压直流断路器功能开关柜分合闸操作按钮

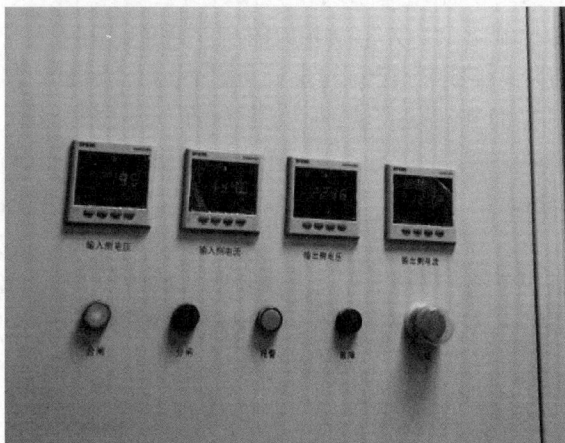

图 3-5　高压直流断路器供能开关柜运行状态图

3.1.3　典型操作任务

高压直流断路器典型操作任务主要有三种，即高压直流断路器所在线路连接、隔离和检修。张北工程中四个换流站都具有两条正极线路、两条负极线路和两条金属回线，每条线路的连接与隔离主要由顺序控制执行，顺序控制界面如图 3-6 所示。顺序控制在各个操作层次均能实现，包括远方调度中心、运行人员工作站、就地控保小室（控制主机屏柜和就地控制屏柜）及设备就地（高压直流断路器的监控系统主机）。其优先级别为（从高到低）设备就地、就地控保小室、运行人员工作站、远方调度中心。

51

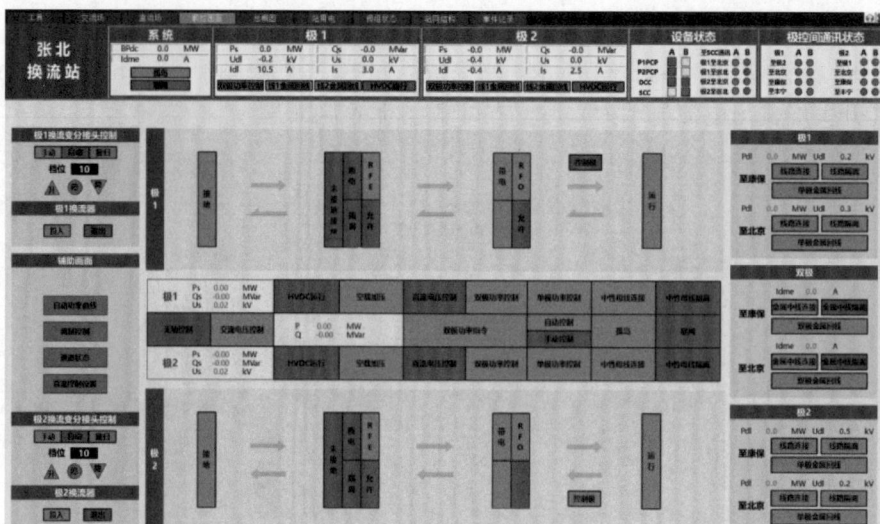

图 3-6　顺序控制界面

　　远方调度中心可对换流站每条线路直接进行控制操作。换流站运行人员接收来自调度中心的控制指令，并下发相应的调度命令。运行人员工作站（OWS）是实现整个柔性直流系统运行控制的主要位置，运行人员的控制操作通过换流站监控系统的人机界面来实现。就地控制系统在就地控制屏柜上进行操作，可作为远方调度中心和运行人员工作站两项同时失去时的后备控制。设备的就地控制，主要是在调试状态下通过高压直流断路器的监控系统主机进行高压直流断路器的分闸和合闸操作。

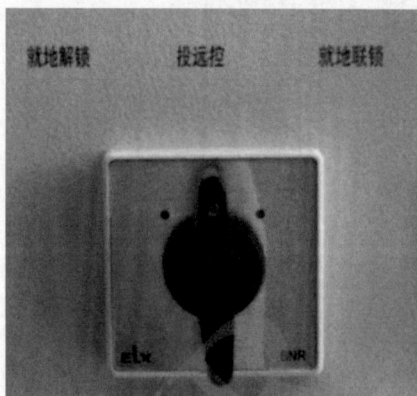

图 3-7　就地控制屏柜把手图

　　图 3-7 为站共用二次设备间就地控制屏柜把手图，当就地控制把手打到"投远控"方向时，控制位置为远方调度中心或运行人员工作站；当就地控制把手打到"就地联锁"方向时，控制位置为就地控制屏柜，受软件联锁逻辑约束；当就地控制把手打到"就地解锁"方向时，则解除软件联锁逻辑的约束。

　　联锁包括硬件联锁和软件联锁，其中硬件联锁包括机械联锁和电气联锁等，一般机械联锁是由一次开关设备自身来实现。软件联锁是在控制系统主机的控制软件中实现的，在控制系统对高压直流断路器设备进行操作时起作用。

　　图 3-8 为张北柔性直流电网示范工程一个换流站直流场的一次接线图，该直

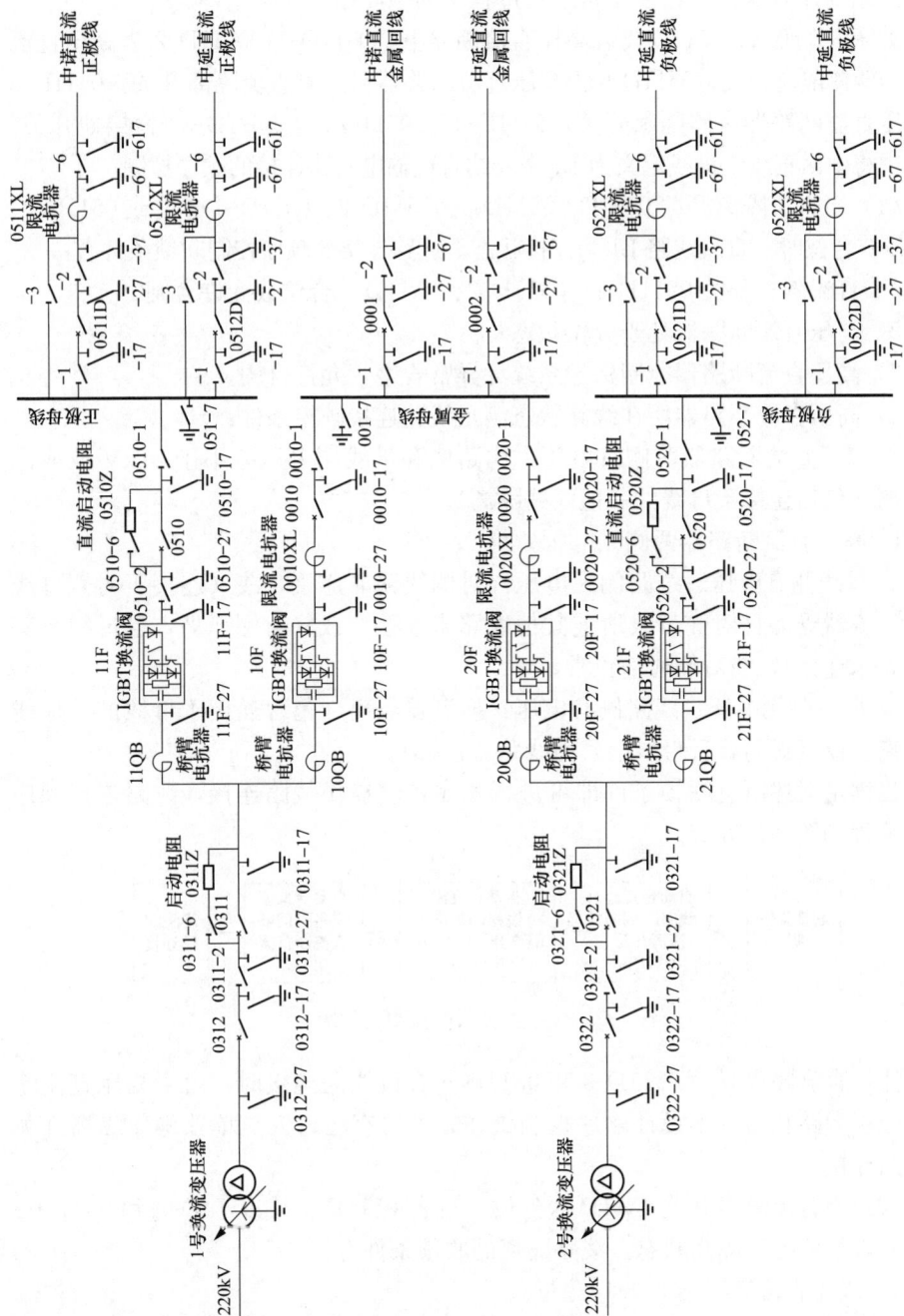

图 3-8 换流站直流场一次接线图

流场采用双极拓扑结构，右侧即为每个换流站的直流出线，以正极某一条出线为例介绍高压直流断路器在正常运行过程中的顺序控制联锁条件。

如图 3-8 所示，0511D 代表高压直流断路器，0511D-1、0511D-2 为高压直流断路器两侧隔离开关，0511D-6 为高压直流断路器出线侧直流隔离开关，0511D-3 为高压直流断路器旁路隔离开关，0511D-17、0511D-27、0511D-37 为接地开关。本书中将中诺直流正极线定义为 L1 来介绍直流输电线路连接的顺序控制。

（1）当直流隔离开关 0511D、0511D-1、0511D-2、0511D-6 合位或 0511D-3、0511D-6 合位时，直流线路 L1 为连接状态。线路连接的顺序控制联锁条件有：

1）直流隔离开关 0511D-1、0511D-2、0511D-6 合位或允许合闸。

2）高压直流断路器处于分位状态。

3）高压直流断路器控制保护系统无异常告警，允许合闸。

4）高压直流断路器所在线路状态满足线路连接顺控条件：

a. 高压直流断路器两侧有电压：线路侧和母线侧电压差小于 27kV 或换流器隔离（包括连接于母线的其他线路隔离）。

b. 高压直流断路器两侧无电压。

c. 母线侧有电压、线路侧无电压：对侧线路非连接，或（连接于对侧母线上的换流器隔离且对侧母线所连其他线路未连接）或（对侧孤岛，且母线上其他线路未连接），与对侧通信正常。

d. 母线侧无电压、线路侧有电压：换流器隔离（包含连接于母线的其他线路隔离）或（孤岛，且母线上其他线路未连接）。

当满足上述所有联锁条件即可进行顺序控制操作线路连接，线路连接顺序控制流程如图 3-9 所示。

图 3-9　线路连接顺序控制流程图

注：直流隔离开关 0511D-3 和 0511D-6 合位线路连接时，由于高压直流断路器处于旁路状态，不设计顺序控制操作，需要有运行人员单独操作隔离开关使线路连接。

（2）当直流隔离开关 0511D-6 分位，或者 0511D-1 或 0511D-2 和 0511D-3 分位时，线路处于隔离状态。线路隔离的联锁条件有：

1）高压直流断路器 0511D 分位。

2）高压直流断路器控制保护系统无异常告警，允许分闸。

3）直流隔离开关 0511D-3 分位。

4）换流站孤岛运行方式下，直流线路非唯一连接。

当满足上述联锁条件时，可进行直流线路隔离顺序控制操作，其流程如图 3-10 所示。

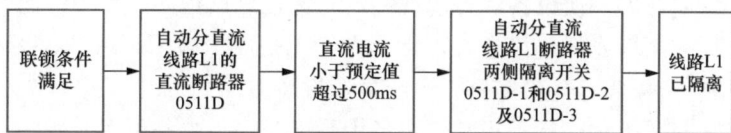

图 3-10　线路隔离顺序控制流程图

3.1.4　高压直流断路器维护项目

高压直流断路器在直流电网中主要起控制和保护两方面作用。通过 OWS 进行控制高压直流断路器的分合闸，来改变直流电网的运行方式。当换流站内或直流线路部分出现故障时，直流电网保护系统通过发出跳闸信号作用于高压直流断路器，快速切断故障，保障直流电网中无故障的部分继续正常运行，保障了设备的安全性和电网的稳定性。

高压直流断路器维护包含不停电维护项目和停电维护项目两种。结合高压直流断路器设备及阀控的状态评价状况，开展不停电的日常巡视和专业巡维工作，并根据本章的维护质量标准作为检修目标，达到维护检修的目的。开展高压直流断路器维护工作前，需要做好工器具准备、作业前培训、危险点分析等工作。

1. 不停电维护项目

（1）检查阀塔构件连接正常，无倾斜、脱落。

（2）检查阀塔组件无放电，无异常声音，无焦煳味，无明显摆动现象。

（3）检查光缆槽无明显裂纹、断裂，表面清洁、无积污，无放电痕迹。光缆槽与其他部件在可视范围内无明显触碰。

（4）检查阀塔水管形态完整，无裂纹或破损，表面光洁、无积污，连接处无渗水痕迹。

（5）所有接线与元件在可视范围内无明显触碰、放电。

（6）载流母线形态完好，无变形、变色，无放电痕迹。

（7）汇流盘有无积水。

（8）检查阀控设备工作正常。

（9）检查阀厅的温度、湿度正常。

（10）检查阀塔支柱绝缘子、斜拉绝缘子形态完整，伞裙无破损，表面清洁、无积污，无放电痕迹。

（11）半导体组件的绝缘拉环和绝缘拉杆在可视范围内无明显裂纹、断裂。

55

（12）绝缘梁在可视范围内无明显裂纹、断裂。

（13）阀避雷器绝缘套管表面清洁，无裂纹、变色，无器件松脱，无放电、烧黑痕迹。

（14）每周开展一次设备红外巡视并对异常发热点拍摄照片留存比对。

（15）检查阀塔光纤连接是否正常。光纤无松脱、破损，清洁、无积污，无水痕，封堵严密可靠，扎带完整，无明显弯折。

（16）各装置指示灯指示正常，主备用系统完好，主备用板卡良好。

（17）屏柜冷却风扇正常运行，无异常声响。

（18）屏柜门关闭紧密无缝，防止小动物进入屏柜。

（19）房间无渗水、漏水、空调滴水，空调运行正常，屏内无小动物。

（20）检查设备是否清洁，设备所处环境温度计、湿度计度数在规定范围内。

（21）直流电源电压偏差值在±5％范围内。

（22）屏柜开关在正常的分合位置。

（23）检查屏柜内部是否积灰、密封不良、受潮，周围无明显强磁场源、强热源，根据检查情况进行处理。

（24）触发光纤、回报光纤无脱落、弯折、断裂，光纤收发模块红外测温无异常发热。

（25）检查端子接线无明显脱落，每周用红外测温仪对 VBC 屏柜内的所有端子进行测温检查。

（26）屏柜接地可靠，底部电缆进线孔封堵严实。

（27）核实 VBC 系统备品备件情况，根据设备故障率情况提早申报物资计划，缩短备品备件采购周期。

（28）光纤标识清晰，准确；光纤插接正确可靠，光纤的弯曲半径不小于 15 倍光纤外径。

（29）备用光纤盘放整齐，接头具有完好的保护措施。

（30）检查验证电源模块工作、电压正常，视情况进行维修或更换。

（31）检查屏柜设备标志应正确、完整、清晰，信号灯及信号继电器指示标志正确。

（32）检查设备安装是否稳固，以耳贴屏柜外壁，检查是否有异常声响及震动。

（33）检查设备连接片、把手、按钮的安装应端正、牢固，接触良好。

（34）检查装置安装牢固，插件无松动现象，二次接线无虚接，接线盘放美观，无缠绕现象。

2. 停电维护项目

（1）阀控设备检查项目。检查电源，确保各机箱工作电源符合要求；检查风扇，确保各机箱风扇运行正常；检查照明，确保各屏柜照明正常；开展设备清污，使设备表面无灰尘；检查光纤，根据技术要求对 VBC 光纤进行光衰抽检；检查信号回路，主要检查与直流极控（组控）、保护及报警回路联调；开展正常切换试验检查，主要检查当前运行系统正常，备用系统正常，通过控制保护主机集控单元（BCU）进行系统切换。

（2）设备外观检查项目。

1）转移支路阀组件。

a. 阀组件硅堆压力正常，碟簧尺寸和顶杆位置正确，无松动。用专用工装对硅堆进行压力调整至正常范围。

b. 绝缘拉环和绝缘拉杆无明显裂纹、断裂。

c. IGBT、散热器、快恢复二极管、缓冲电容、均压电阻、缓冲电阻、分光器、取能线圈、驱动模块形态完好，无变形、变色痕迹，接线无脱落，表面清洁、无积污，无放电痕迹。

2）耗能支路避雷器。

a. 载流排安装可靠，无螺钉松动，搭接面无明显过热变色现象，清洁、无积污。

b. 外观表面无裂痕缺损，伞裙表面无裂纹和闪络痕迹，表面清洁、无积污。

3）快速机械开关。

a. 载流排安装可靠，无螺钉松动，搭接面无明显过热变色现象，清洁、无积污。

b. 外观表面无裂痕缺损，伞裙表面无裂纹和闪络痕迹，表面清洁、无积污。

4）主支路阀组件。

a. 阀组件硅堆压力正常，碟簧尺寸和顶杆位置正确，无松动。用专用工装对硅堆进行压力调整至正常范围。

b. 绝缘拉杆无明显裂纹、断裂。

c. IGBT、散热器、快恢复二极管、缓冲电容、均压电阻、分光器、取能线圈、旁路开关、驱动模块形态完好，无变形、变色痕迹，接线无脱落，表面清洁、无积污，无放电痕迹。

5）主供能。

a. SF_6 气体压力检查，压力指示正常。

b. 外观表面无裂痕缺损，伞裙表面无裂纹和闪络痕迹，表面清洁、无积污。

c. 主供能接线检查。

6）层间供能。

套管外观表面无裂痕缺损，伞裙表面无裂纹和闪络痕迹，表面清洁、无积污，层间供能接线检查。

7）OCT。

a. 外观完好，无锈蚀。

b. 光纤外观完好，连接牢靠。

8）阀光纤。

a. 外观完好，光纤管弯曲合理，无断裂，无黑色放电痕迹。

b. 光纤槽外观检查及清污。

c. 光纤连接位置正确，光纤连接头正常、无松动。

d. 备用光纤与固定可靠。

9）阀塔内所有载流排、管形母线连接部分。

a. 所有连接部分无过热变色痕迹。

b. 所有连接部分接触电阻在合格范围之内。

c. 管形母线外观完整、清洁，无松动、变形。

10）支柱绝缘子及拉杆。

a. 绝缘子表面无裂纹，表面清洁、无积污，无闪络痕迹。

b. 绝缘子支撑连接部位正常，无破损、变形、松动。

c. 拉杆外观完整、清洁，两端金属部件光亮，无变形、松动。

11）均压环和均压罩。

a. 外观清洁、光亮，无明显划痕，无变形、松动。

b. 阀层水平度检查。

12）阀塔主水管、层间水管和聚全氟乙丙烯热缩管（FEP管）。
安装正确，外观完好、无破损，管道无变色。

13）水电极。

a. 水电极探针检查，无腐蚀结构，逐年滚动进行。

b. 水电极密封圈的检查与更换。

c. 水电极连接线的检查。

14）漏水检测组件。

a. 汇流盘外观良好，无松动，整洁光亮。

b. 漏水检测装置安装良好。

3.1.5　故障及异常处理

1. 失火故障处理

高压直流断路器是提高柔性直流电网运行可靠性的重要保障。高压直流断路器一旦出现故障，必须立即进行故障处理。按照《换流站现场运行专用规程》，高压直流断路器在运行中有下列情况之一者，可不汇报调度，立即停运相应极，停运后，必须立即汇报调度：

（1）阀厅内及直流场设备着火。

（2）高压直流断路器水冷系统严重漏水。

当出现以下三种现象之一的，判定为阀厅失火：

（1）OWS关键报文"阀厅火灾报警跳闸出现""火灾报警控制柜火灾报警出现"并伴随跳闸报文以及相对应紫外、极早期探测器报警信息。

（2）火灾报警控制柜报火警，并显示相应探测器的报警信息。

（3）视频检查阀厅有明火、烟雾。

遇到失火故障，按照以下步骤进行处理：

（1）若直流系统未停运，应立即紧急停运直流系统（按下主控室的"极X紧急停运"按钮）。

（2）检查阀厅组合机、冷水机组和轴流风机是否停运。

（3）汇报有关调度和部门领导，报告单位名称、地址和火灾性质，并派专人到路口迎接、引导消防车。

（4）直流系统转检修后，协助消防人员灭火，灭火过程中派专人负责安全监督，并确定灭火人员在火灾现场内停留不得超过指定时间。

（5）火灾扑救完毕后，仔细检查确定已无火情和复燃可能，同时汇报调度及换流站部门领导。

（6）重新启动阀厅空调系统及相关排烟风机，排烟过程中派专人监视，防止复燃。

（7）排烟结束，再次仔细检查确定已无火情和复燃可能，复归相关报警信号。

（8）将事故处理详细过程汇报调度及换流站部门领导，并通知检修人员处理现场遗留问题。

2. 一次设备故障处理方案

（1）通信故障。高压直流断路器在正常运行过程中控制保护系统报一次设备的异常信号，通信故障主要有四种现象及处理方法，见表3-5。

表 3-5　　　　　　　　　高压直流断路器一次设备通信故障和处理方案

故障描述	处理方案
DCBC 与 UPS、供能开关柜供能变压器分别通信（电压、电流、温度、压力等）	1）检查 DCBC 装置是否正常运行：先尝试重新初始化装置，若仍旧存在故障，则更换故障板卡。 2）检查接线是否松动、损坏等：紧固松动接线、修复损坏线路等
快速机械开关驱动柜分合位传感器与驱动装置通信	1）检查装置接收端子：若端子异常，将端子和接线恢复正常。 2）传感器状态检查：若传感器失电，检查并修复供电回路；若故障，更换新传感器
快速机械开关驱动柜各采集模块与驱动装置通信	检查装置与采集模块接线，修复异常线路
智能组件与电压互感器通信	检查接线端子与正负极

（2）运行故障。高压直流断路器运行过程中出现运行故障主要包含机械开关故障、转移支路故障、耗能支路故障三大类。表 3-6 中具体介绍了一次设备的典型运行故障和处理方案。

表 3-6　　　　　高压直流断路器一次设备典型运行故障及处理方案

故障描述	处理方案
机械开关控制电源模块输出电压异常	1）检查 DCBC 装置是否正常运行； 2）检查接线是否松动、损坏等
机械开关电容充电回路异常	1）检查装置接收端子：若端子异常，将端子和接线恢复正常。 2）传感器状态检查：若传感器失电，检查并修复供电回路；若故障，更换新传感器
机械开关驱动电容电压异常	1）检查装置与采集模块是否有明显损坏：若有，更换损坏装置或模块。 2）采集回路接线是存在异常：修复问题线路
机械开关断口位置异常（分合位同时为 1 或 0）	1）检查位置传感器工作状态：调整参数或更换故障传感器。 2）检查位置采集光纤：对脱落或损坏个光纤进行紧固或更换
转移支路控制电源模块输出电压异常	1）测量输入/输出电压的偏差范围：更换故障电源模块。 2）检查采集线路故障：修复故障回路
耗能支路避雷器击穿故障	对故障避雷器更换或检修
供能 UPS 故障	根据 UPS 故障状况由 UPS 厂家处理
535kV 主供能变压器故障	1）过热检修。 2）SF_6 压力故障禁止断路器分合闸，及时检修
110kV 隔离变压器故障	1）过热检修。 2）SF_6 压力故障禁止断路器分合闸，及时检修

3. 高压直流断路器控制保护系统

（1）通信故障。高压直流断路器控制保护系统（DCBC）典型通信故障现象及处理方法见表 3-7。

表 3-7　　　　高压直流断路器控制保护系统典型通信故障和处理方案

故障描述	处理方案
机械开关驱动装置与 DCBC 通信异常（包括上行、下行通信）	1）检查 DCBC 接收装置/板卡是否正常：先尝试重新初始化装置，若仍旧存在故障，则更换故障板卡。 2）检查机械开关驱动装置是否正常工作：先尝试重新初始化装置，若仍不能正常工作，则需更换装置/板卡。

续表

故障描述	处理方案
机械开关驱动装置与 DCBC 通信异常（包括上行、下行通信）	3) 检查机械开关驱动装置电源及供电线路：若是电源故障则更换故障电源模块；若是供电线路及回路问题，修复相应线路。 4) 检查光纤是否异常：连接松动、接口脱落、存在明显的损坏等，根据异常情况进行相应的紧固、修复或更换工作
转移支路驱动装置与 DCBC 通信异常（包括上行、下行通信）	1) 检查 DCBC 接收装置/板卡是否正常：先尝试重新初始化装置，若仍旧存在故障，则更换故障板卡。 2) 检查转移支路驱动装置是否正常工作：先尝试重新初始化装置，若仍不能正常工作则需更换装置/板卡。 3) 检查转移支路驱动装置电源及供电线路：若是电源故障则更换故障电源模块；若是供电线路及回路问题，修复相应线路。 4) 检查光纤是否异常：连接松动、接口脱落、存在明显的损坏等，根据异常情况进行相应的紧固、修复或更换工作
DCBC 接收主支路 OCT 电流通信故障	1) DCBC 端，查看 OCT 上送光纤光强（可见光）：若无光则为 OCT 采集器侧故障；若有光，确认 DCBC 装置接收功能是否正常。 2) 检查 OCT 采集器工作电源（双电源是否均正常）：更换故障电源，修复损坏线路
DCBC 接收转移支路 OCT 电流通信故障	1) DCBC 端，查看 OCT 上送光纤光强（可见光）：若无光则为 OCT 采集器侧故障；若有光，确认 DCBC 装置接收功能是否正常。 2) 检查 OCT 采集器工作电源（双电源是否均正常）：更换故障电源，修复损坏线路
DCBC 接收线路总电流 OCT 电流通信故障	1) DCBC 端，查看 OCT 上送光纤光强（可见光）：若无光则为 OCT 采集器侧故障；若有光，确认 DCBC 装置接收功能是否正常。 2) 检查 OCT 采集器工作电源（双电源是否均正常）：更换故障电源，修复损坏线路
DCBC 接收避雷器组 OCT 电流通信故障	1) DCBC 端，查看 OCT 上送光纤光强（可见光）：若无光则为 OCT 采集器侧故障；若有光，确认 DCBC 装置接收功能是否正常。 2) 检查 OCT 采集器工作电源（双电源是否均正常）：更换故障电源，修复损坏线路
DCBC 与 UPS、供能开关柜供能变压器分别通信（电压、电流、温度、压力等）	1) 检查 DCBC 装置是否正常运行：故障则先尝试重新初始化装置，若仍旧存在故障，则更换故障板卡。 2) 检查接线是否松动、损坏等：紧固松动接线、修复损坏线路等
DCBC 与本体保护"三取二"装置通信	1) 确认 DCBC 与"三取二"装置工作状态是否正常：故障则先尝试重新初始化装置，若仍旧存在故障，则更换故障板卡。 2) 检查光纤是否异常：连接松动、接口脱落、光纤存在明显的损坏等，根据异常情况采用相应的紧固、修复或更换工作
DCBP 与本体保护"三取二"装置通信	1) 确认 DCBP 与"三取二"装置工作状态是否正常。 2) 检查光纤是否异常：连接松动、接口脱落、存在明显的损坏等，根据异常情况采用相应的紧固、修复或更换工作

第3章

续表

故障描述	处理方案
DCBC 与智能组件装置通信	1）检查 DCBC 工作状态：故障则先尝试重新初始化装置，若仍旧存在故障，则更换故障板卡。 2）检查智能组件装置工作电源及工作状态。 3）检查光纤是否异常：连接松动、接口脱落、存在明显的损坏等

（2）运行故障。DCBC 运行故障现象较多，归类可分为 DCBC 装置故障、DCBP 装置故障、"三取二"装置运行故障、直流断路器接口机端（PODU）装置故障、直流断路器接口板卡（GODU）装置故障、智能组件装置故障六大类故障。

高压直流断路器运行过程中出现表 3-8 中二次设备的典型运行故障按照表中处理方案及时处理。

表 3-8　　　　　　　　　高压直流断路器二次设备运行故障及处理方案

故障监视	处理方案
DCBC 与对时装置故障	检查对时装置是否正常工作或正确与 DCBC 连接
DCBC 板卡自检故障	1）确认程序版本及信息：升级问题解决程序； 2）由板卡硬件引起的故障：更换故障板卡
DCBC 装置内部总线故障	1）确认程序版本及信息：升级问题解决程序； 2）由板卡硬件引起的故障：更换故障板卡
DCBC 装置电源故障	1）检查供电回路是否正常：修复问题线路； 2）检测电源是否损坏：更换故障电源模块
DCBC 备机状态	1）检查 DCBC 运行状态：根据故障等级及自检信息，修复问题点； 2）主备切换逻辑问题：更新主备切换逻辑，升级程序
DCBP 与对时装置故障	检查对时装置是否正常工作或正确与 DCBC 连接
DCBP 板卡自检故障	1）确认程序版本及信息：升级问题解决程序； 2）由板卡硬件引起的故障：更换故障板卡
DCBP 装置内部总线故障	1）确认程序版本及信息：升级问题解决程序； 2）由板卡硬件引起的故障：更换故障板卡
DCBP 装置电源故障	1）检查供电回路是否正常：修复问题线路； 2）检测电源是否损坏：更换故障电源模块
"三取二"装置板卡自检故障	1）确认程序版本及信息：升级问题解决程序； 2）由板卡硬件引起的故障：更换故障板卡
"三取二"装置内部总线故障	1）确认程序版本及信息：升级问题解决程序； 2）由板卡硬件引起的故障：更换故障板卡

续表

故障监视	处理方案
"三取二"装置电源故障	1）检查供电回路是否正常：修复问题线路； 2）检测电源是否损坏：更换故障电源模块
PODU 装置板卡自检故障	1）确认程序版本及信息：升级问题解决程序； 2）由板卡硬件引起的故障：更换故障板卡
PODU 装置内部总线故障	1）确认程序版本及信息：升级问题解决程序； 2）由板卡硬件引起的故障：更换故障板卡
PODU 装置电源故障	1）检查供电回路是否正常：修复问题线路； 2）检测电源是否损坏：更换故障电源模块
GODU 装置板卡自检故障	1）确认程序版本及信息：升级问题解决程序； 2）由板卡硬件引起的故障：更换故障板卡
GODU 装置内部总线故障	1）确认程序版本及信息：升级问题解决程序； 2）由板卡硬件引起的故障：更换故障板卡
GODU 装置电源故障	1）检查供电回路是否正常：修复问题线路； 2）检测电源是否损坏：更换故障电源模块
智能组件装置板卡自检故障	1）确认程序版本及信息：升级问题解决程序； 2）由板卡硬件引起的故障：更换故障板卡
智能组件装置内部总线故障	1）确认程序版本及信息：升级问题解决程序； 2）由板卡硬件引起的故障：更换故障板卡
智能组件装置电源故障	1）检查供电回路是否正常：修复问题线路； 2）检测电源是否损坏：更换故障电源模块

3.2　高压直流断路器二次系统运行维护

3.2.1　控制保护系统总体架构

高压直流断路器控制保护系统采用双网络设计，包括 SCADA 和控制保护设备。其中 SCADA 系统中，配置两台服务器、一台监视工作站，通过交换机形成局域网。控制保护设备主要包括控制系统、保护系统、"三取二"单元、规约转换装置、水冷监视和 UPS，其中控制系统和"三取二"单元都采用双冗余配置，保护系统采用三重化配置，如图 3-11 所示。

高压直流断路器控制保护系统的主要作用是完成对高压直流断路器快速机械开关和子模块等断路器一次设备的协调控制和对断路器本体的故障监测及保护。通过与直流控制保护系统、OCT 合并单元、冷却系统、供能开关柜、快速机械开关等设备的通信完成对高压直流断路器的状态监测，并对其进行控制和保护。

63

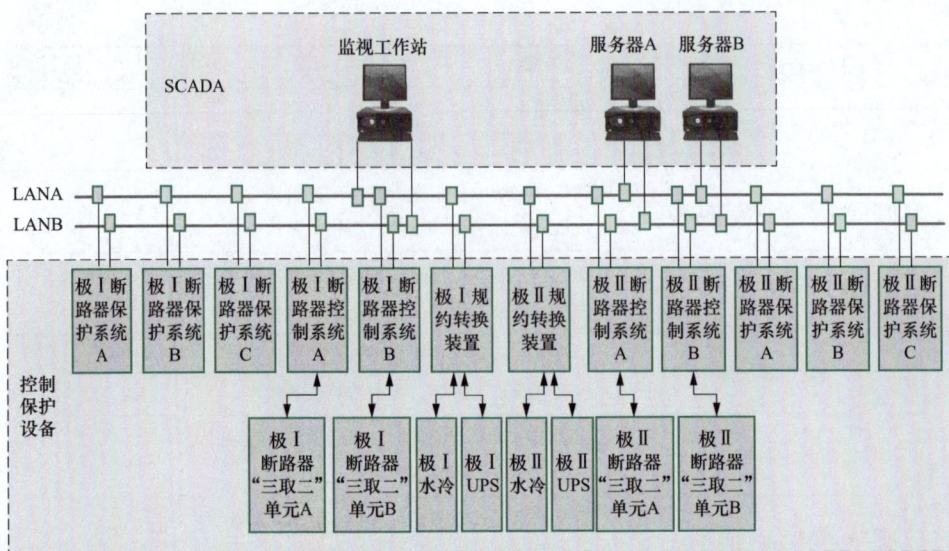

图 3-11　高压直流断路器控制保护系统总体架构

3.2.2　控制保护系统基本操作

1. 登录操作方法

运行人员控制保护系统需要用户登录之后，才可以进行停闪、查看遥信、查看事件、遥控等操作。用户登录步骤如下。

（1）单击工具栏中的"登录"按钮，如图 3-12 所示。

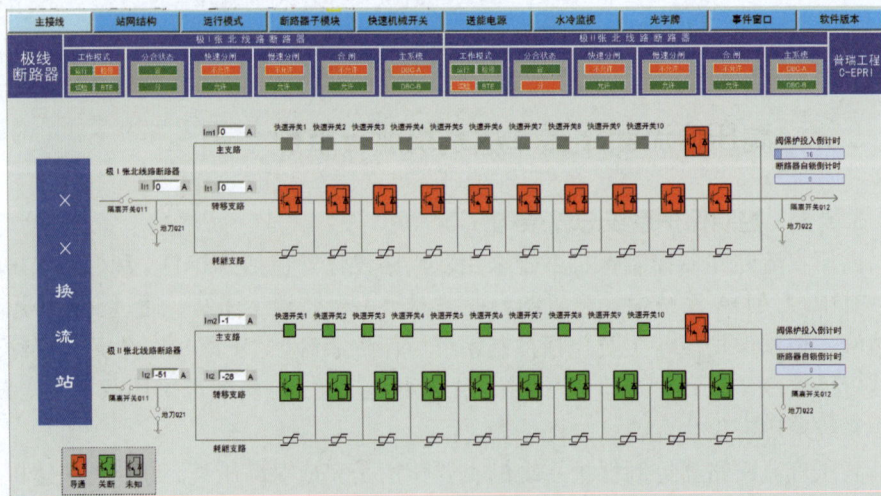

图 3-12　用户登录界面

（2）弹出"用户登录"窗口。登录模式选择"口令输入"，完成用户组选择，完成用户选择，口令中输入相应用户的登录密钥，选中"永久有效"，单击确认，即完成用户登录，如图 3-13 所示。

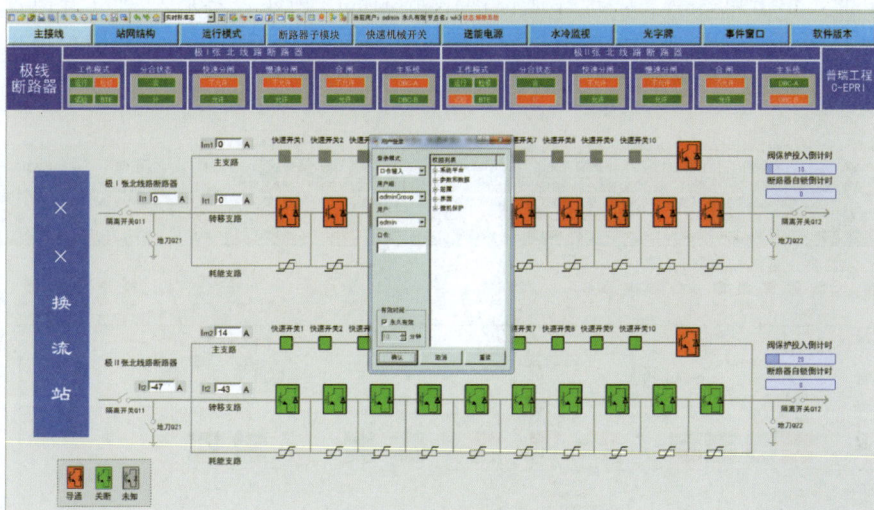

图 3-13　用户登录对话框

2. 停闪按钮操作方法

为起到提示作用，当设备的分合状态或带电状态发生变化时，主接线界面上相应设备的颜色会不停闪动，运行人员登录成功后进行通过手动点击工具栏中停闪按钮使其停止闪动，如图 3-14 所示。

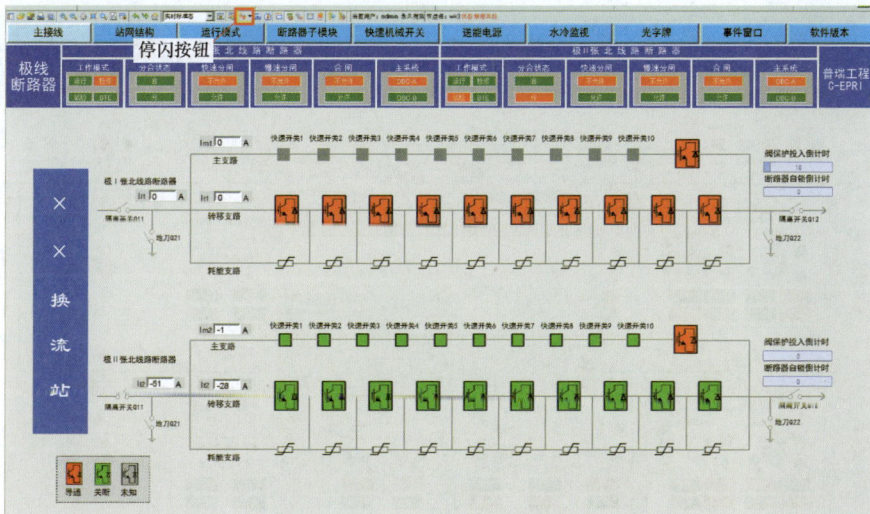

图 3-14　停闪按钮示意图

65

3. 遥控操作方法

以极Ⅰ断路器保护系统 A 投入运行遥控操作为例，鼠标放在"运行"图标的上面，单击鼠标右键，选择遥控操作如图 3-15 所示，然后左键单击预置如图 3-16 所示，预置成功后单击执行如图 3-17 所示，执行成功后将此窗口退出即可。其他遥控操作类似。

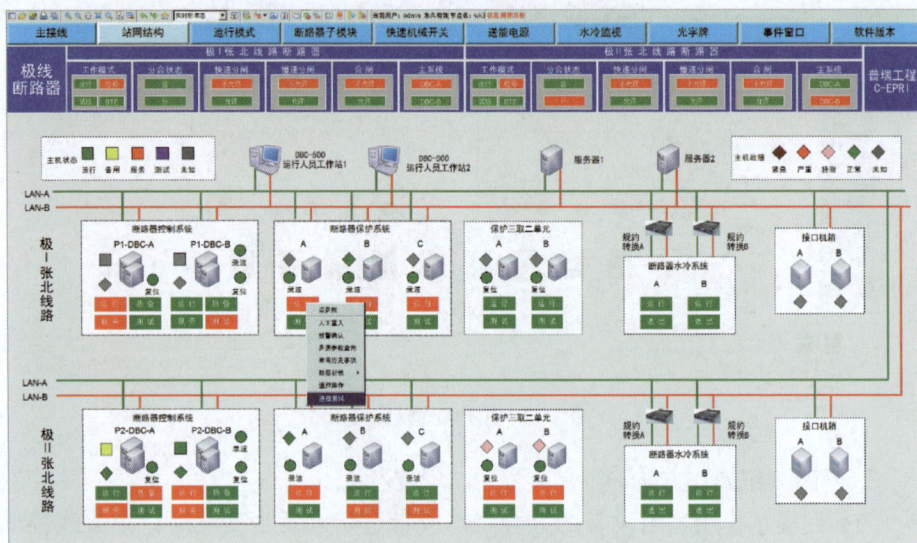

图 3-15　选择遥控操作示意图

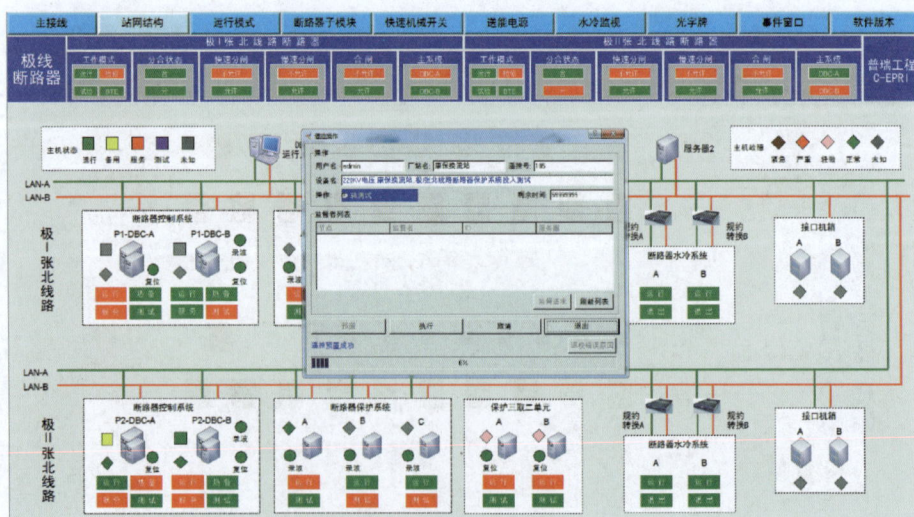

图 3-16　预置操作示意图

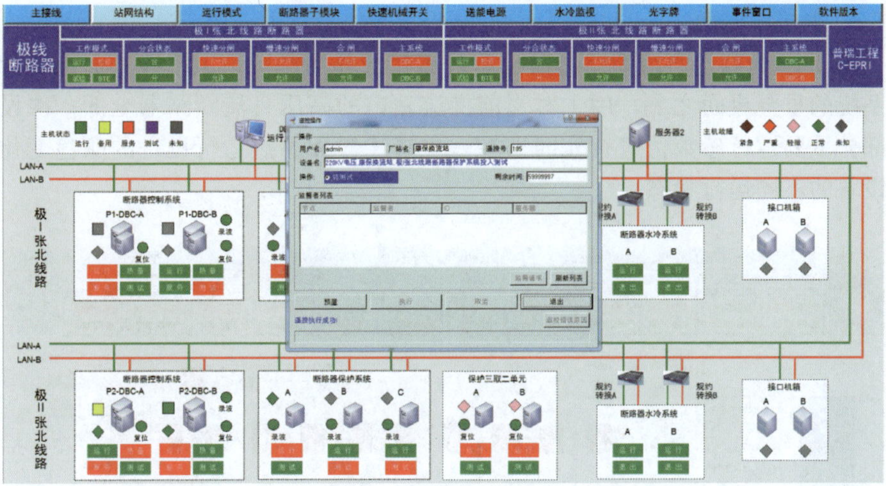

图 3-17　执行操作示意图

3.2.3　人机界面操作

运行人员人机界面实现换流站关键设备运行状态实时显示、系统运行参数实时显示、告警事件实时主动上报和"四遥"（遥测、遥信、遥控、遥调）操作等功能。人机界面在结构上由监控窗口和告警窗口两部分组成，监控窗口包含主接线（断路器本体）、站网结构、运行模式、断路器子模块、快速机械开关、送能电源、水冷监视、光字牌、事件窗口、软件版本 10 个界面，告警事件窗口界面包含全部事项、DBC 信息、正常、轻微故障、严重故障、紧急故障、子模块信息、其他信息 8 个选项卡。

主接线界面正上方蓝色区域为运行信息显示栏，如图 3-18 所示。

图 3-18　运行信息显示栏

信息显示栏可显示极Ⅰ和极Ⅱ断路器的工作模式、分合状态、快速分闸允许、慢速分闸允许、合闸允许、值班系统等运行状态，通过红绿两种颜色来表示，红色表示有效，绿色表示无效。这些按钮只有显示功能，不能进行操作。例如，高压直流断路器控制保护系统 DBC-A（B）上报的开关状态为分闸状态时，分合状态的"分"按钮显示为红色，"合"按钮显示为绿色。高压直流断路器控制保护系统 DBC-A（B）上报的是快速分闸允许，则快速分闸的"允许"按钮显示为红色，"不允许"按钮显示为绿色。

67

1. 主接线界面

图 3-19 为高压直流断路器监控后台主接线界面截图，主接线界面是后台监控系统的重要界面之一，用于对当前换流站内的高压直流断路器全部一次设备及部分重要运行参数值进行实时监控。主接线界面通过运行设备的颜色变化指示设备的不同运行状态。

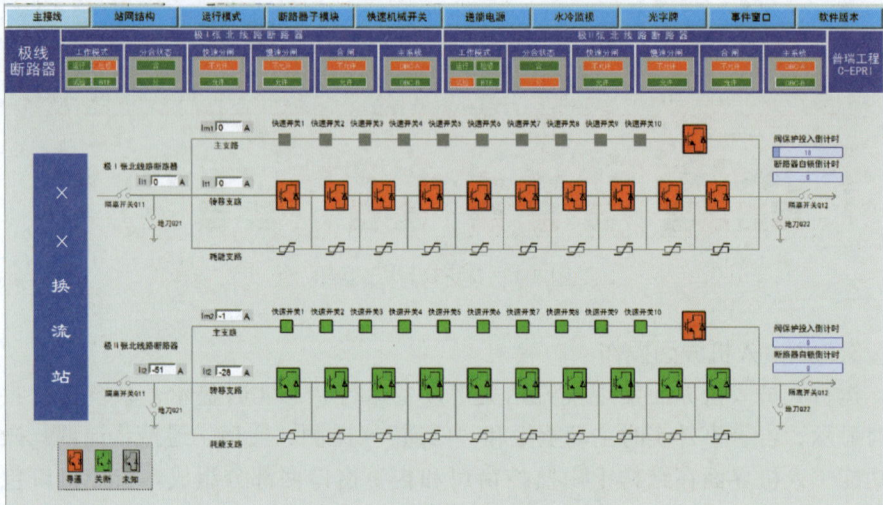

图 3-19　主接线界面截图

主接线界面包括极Ⅰ、极Ⅱ线路，每条线路包括主支路、转移支路和耗能支路，以及阀保护投入倒计时和断路器自锁倒计时。按钮只有显示功能，不能进行操作。

在主接线界面中，各一次设备的运行分、合状态及带电状态由不同颜色定义表示。

主支路快速开关的颜色有红、绿、灰三种状态：合为红色，分为绿色，未知为灰色。

主支路子模块和转移支路子模块的颜色有红、绿、灰三种状态：红色为导通，绿色为关断，灰色为未知。

2. 站网结构界面

图 3-20 为高压直流断路器监控后台站网结构界面截图，站网结构界面显示断路器整个控制保护系统当前的运行状态和故障状态。整体分为极Ⅰ张北线路和极Ⅱ张北线路两大部分，每一极都包含了两套断路器控制系统、三套保护系统、两套保护"三取二"单元、水冷系统以及接口机箱的状态。其中，断路器水冷系统和接口机箱的按钮只有显示功能，不能进行操作。

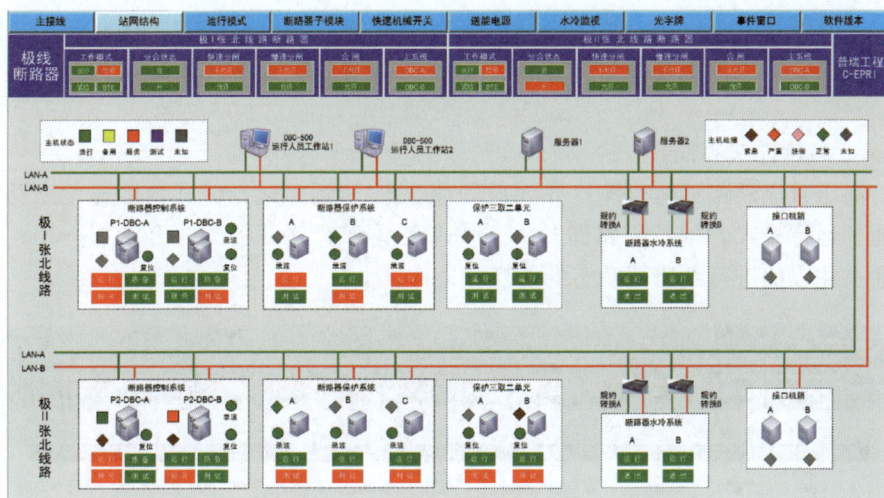

图 3-20　站网结构界面截图

断路器控制系统包括 DBC-A 和 DBC-B 两套系统，一套为值班系统，另一套为备用系统。系统上电为测试状态，"测试"按钮显示为红色。当其中一套系统处于运行状态时，"运行"按钮显示为红色；当其中一套系统处于热备状态时，"热备"按钮显示为红色。

各系统可以独自进行复位。手动录波操作可以同时对 DBC-A 和 DBC-B 两套系统进行，且工作站自动读取录波文件。

断路器保护系统包括 A、B、C 三套，当"运行"按钮为红色、"测试"按钮为绿色时，处于运行状态；当"测试"按钮为红色、"运行"按钮为绿色时，处于测试状态。保护系统可以单独进行手动录波，且工作站自动读取录波文件。

保护"三取二"单元包括 A、B 两套，当"运行"按钮为红色、"测试"按钮为绿色时，处于运行状态；当"测试"按钮为红色、"运行"按钮为绿色时，处于测试状态。"三取二"单元可以独自进行复位。

断路器水冷系统 A、B 经过规约转换器转换后送给后台工作站。水冷系统 A、B 有两个显示按钮，当"运行"按钮为红色、"退出"按钮为绿色时，水冷系统处于运行状态；当"退出"按钮为红色、"运行"按钮为绿色时，水冷系统处于停运状态。

接口机箱分为 A、B 两个系统。

在高压直流断路器控制保护系统中，每一套控制保护装置的主机状态用不同颜色的方框来区分：绿色方框为运行，黄色方框为备用，红色方框为服务，紫色方框为测试，灰色方框为未知。

高压直流断路器控制保护系统附加一个菱形符号，表示该装置是否存在故

第
3
章

障及其故障程度：棕色菱形为系统存在紧急故障，红色菱形为系统存在严重故障，粉色菱形为系统存在轻微故障，绿色菱形为系统正常无故障，灰色菱形为未知。

3. 运行模式界面

高压直流断路器运行模式界面截图如 3-21 所示，运行模式界面显示断路器当前的运行模式，以及断路器整体、快速开关和旁路开关的分合状态，用户可以通过此界面进行断路器状态的切换和遥控。

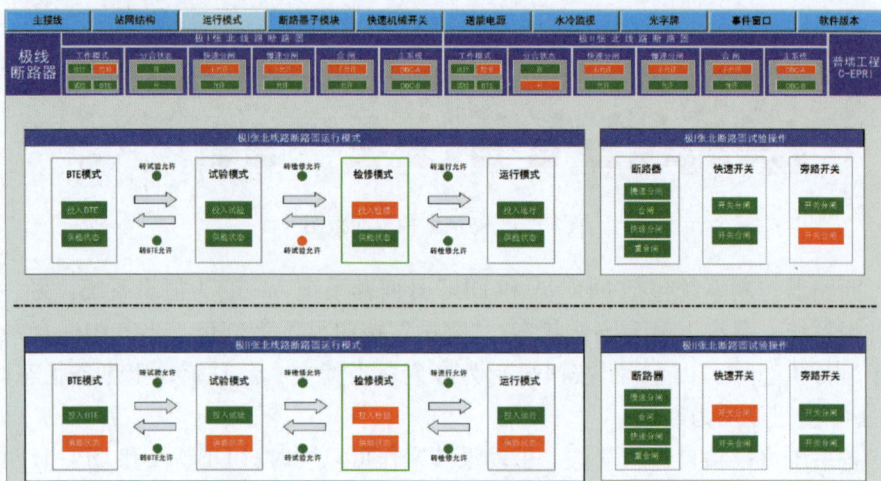

图 3-21　运行模式界面截图

运行模式包括子模块测试（BTE）模式、试验模式、检修模式、运行模式。当满足一定条件时，允许切换到另一种模式的小红灯会亮起，此时断路器才允许从某一种模式切换到另一种模式。检修状态下，可进入"试验模式"和"子模块测试模式"。试验模式下，可通过后台进行主支路旁路开关和快速机械开关操作，并可进入"子模块测试模式"实施子模块测试功能。

特别需要注意的是，只有断路器控制机箱的检修钥匙开关在"检修"位置时，断路器才可以在 BTE、试验、检修等模式下进行切换。当满足相关条件时，将高压直流断路器控制机箱里的检修钥匙扳到"运行"位置，断路器从检修模式切换到运行模式。界面中的每种模式只能切换到与其相邻位置的模式，不能跨间隔切换。

4. 断路器子模块界面

高压直流断路器子模块界面截图如图 3-22 所示，子模块界面主要显示高压直流断路器极Ⅰ和极Ⅱ主支路和转移支路的子模块运行状态，同时实时显示极Ⅰ和极Ⅱ主支路和转移支路的子模块旁路个数、子模块拒动个数以及子模块故障个数等重要运行参数信息。其中，子模块的指示灯分为红色、绿色和蓝色三种颜色，分别表示子模块不同的状态，绿色为正常，红色为旁路，蓝色为拒动。

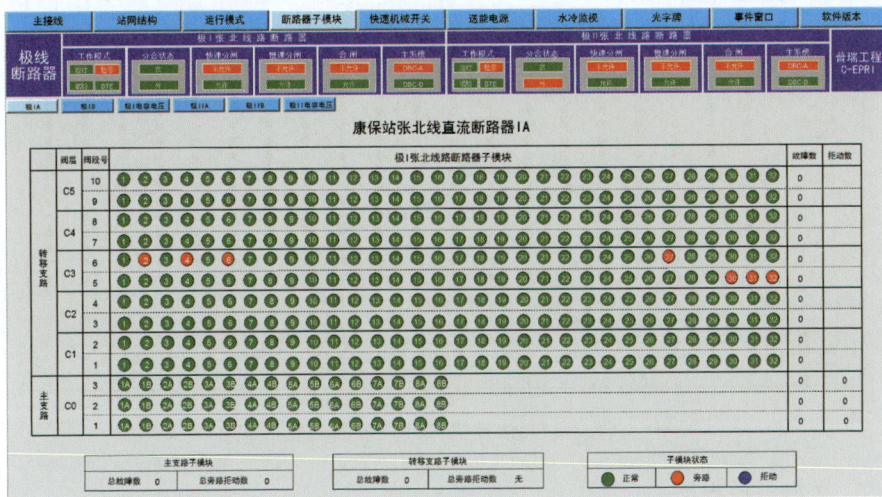

图 3-22　断路器子模块界面截图

另外，还显示极Ⅰ和极Ⅱ电容电压的实时参数，如图 3-23 所示。

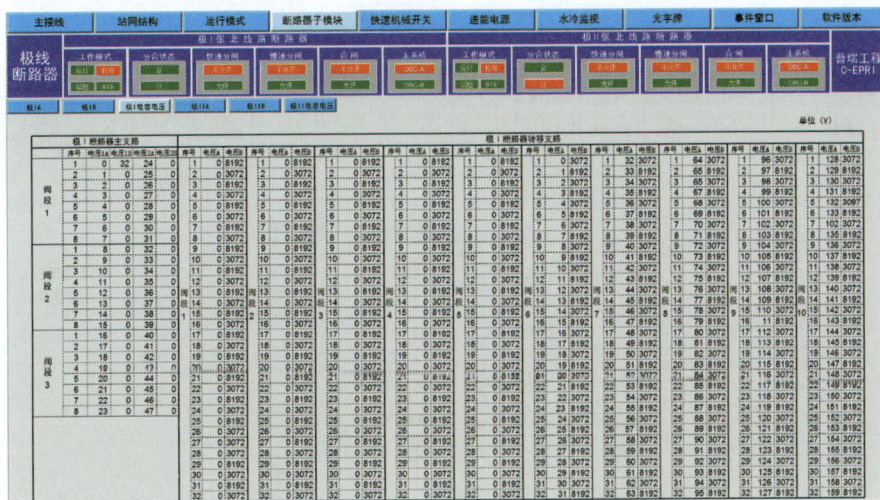

图 3-23　极Ⅰ断路器电容电压界面截图

5. 快速机械开关界面

快速机械开关界面如图 3-24 所示，包括极Ⅰ、极Ⅱ开关状态和开关故障的运行状态，红色表示有效，绿色表示无效。

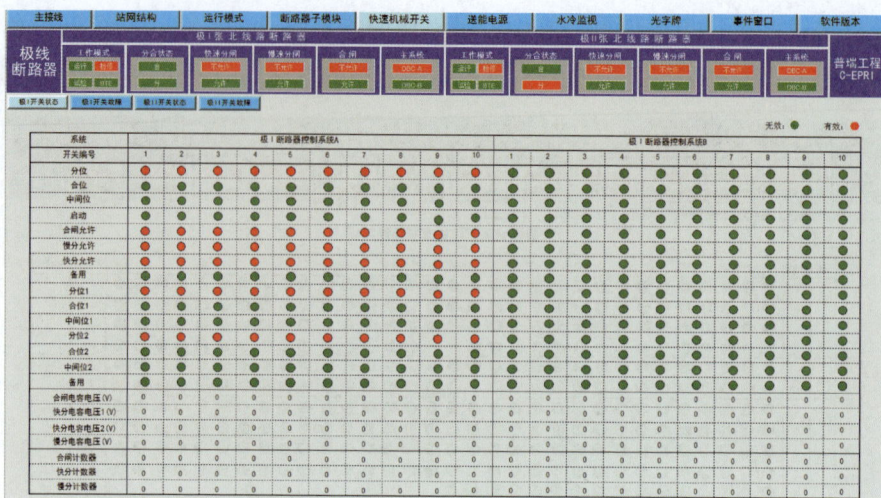

图 3-24　快速机械开关界面截图

6. 送能电源界面

送能电源界面截图如图 3-25 所示，送能电源界面显示换流站内高压直流断路器送能电源的设备结构图，同时实时显示当前送能电源的运行状态以及相关重要运行参数信息。送能电源界面包括极Ⅰ供能及 UPS、极Ⅱ供能及 UPS 两个子页面。

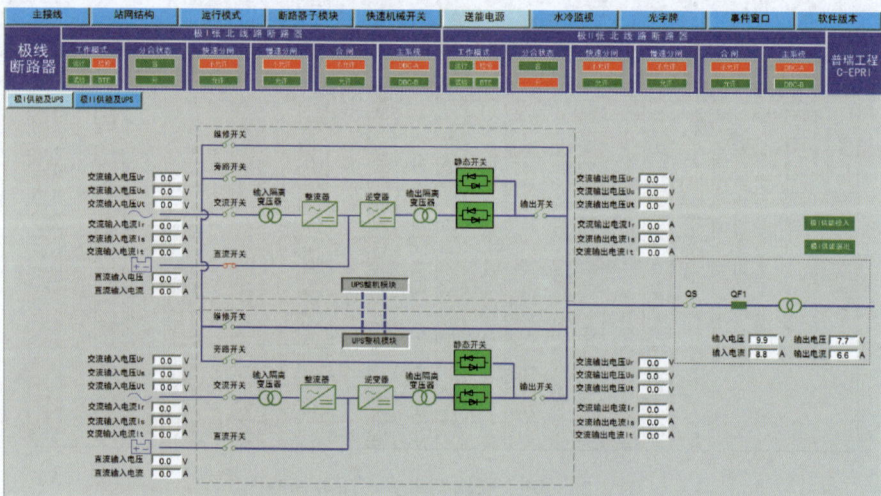

图 3-25　送能电源界面截图

运行人员可通过界面实时监测交流输入/输出电压、交流输入/输出电流、直流输入电压/电流、整流器工作状态、逆变器工作状态、断路器/隔离开关等运行参数信息。运行人员还可以遥控操作供能开关柜的投入、退出，红色表示有效，绿色表示无效。

7. 水冷监视界面

水冷监测界面截图如图 3-26 所示，水冷监测界面包括极Ⅰ水冷系统-A、极Ⅰ水冷系统-B、极Ⅱ水冷系统-A、极Ⅱ水冷系统-B 等四个子页面。

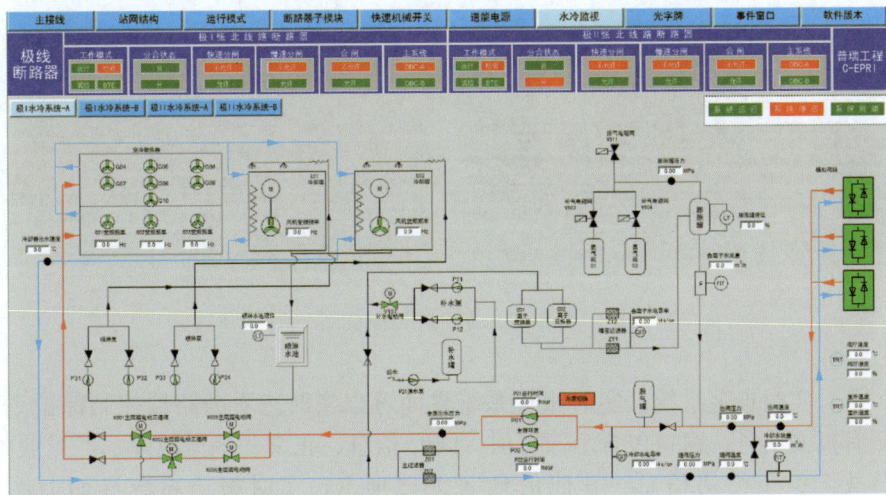

图 3-26　水冷监视界面截图

水冷监视界面显示换流站内高压直流断路器的极Ⅰ、极Ⅱ水冷系统 A/B 的设备结构图，同时实时显示当前水冷系统的运行状态以及相关重要参数信息。运行人员可通过该界面了解当前水冷系统的运行状况，实时监测冷却水的进/出阀温度、压力、水流量等重要数据，了解各开关、风机的运行状态，并可对水冷系统进行水泵切换操作。

水冷监视界面中在右上角显示"系统运行""系统停运"和"系统就绪"三个状态，红色为有效，绿色为无效。

8. 光字牌界面

高压直流断路器状态信息光字牌界面截图如图 3-27 所示，可显示站控、DBC、水冷系统、快速机械开关、OCT、接口机箱、供能开关柜等主要二次设备的重要运行信息，并根据实际运行状态实时变化。

光字牌界面显示红、绿两种颜色。红色表示有效，绿色表示无效。

9. 事件窗口界面

事件窗口界面可以实时查看断路器控制保护系统的所有报文信息，也可以用来查询历史事件。

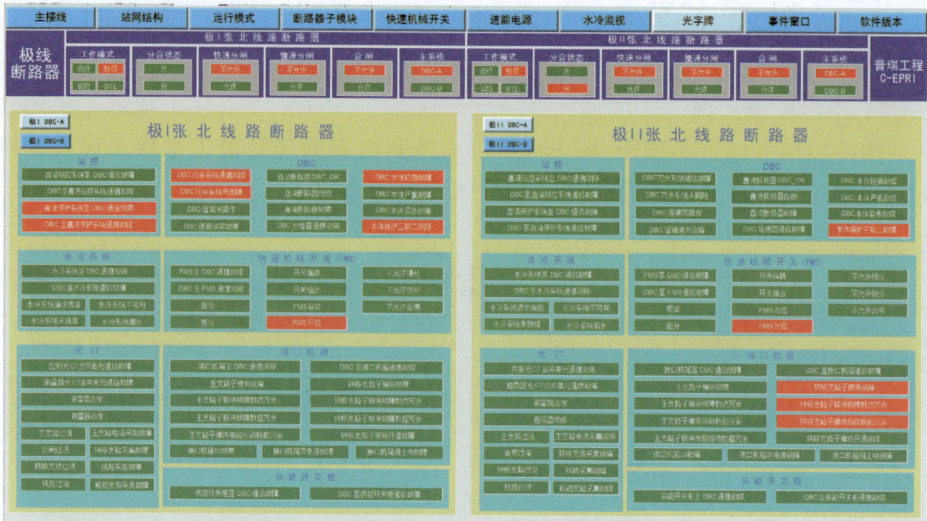

图 3-27　光字牌界面截图

（1）实时报警系统。实时报警系统界面可以实时查看断路器控制保护系统的所有报文信息，窗口包含全部事项、DBC 信息、正常、轻微故障、严重故障、紧急故障、子模块信息、其他信息 8 个选项卡，实时报警系统界面截图如图 3-28 所示。

图 3-28　实时报警系统界面截图

1）开启实时报警系统界面。

a. 在值班员界面的工具栏，单击"事件窗口"按钮。

b. 弹出"用户登录"窗口，登录模式选择"口令输入"，用户组选择"操作运行组"，用户选择相应的操作员，口令中输入登录密钥，单击确认，如图 3-29 所示。

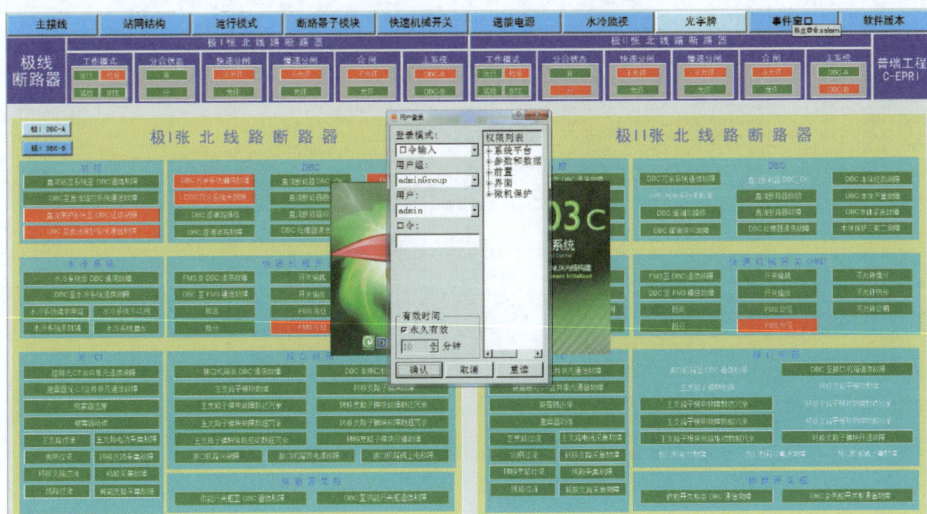

图 3-29　用户登录界面截图

c. 进入实时报警系统界面，可以查看控制保护系统的所有报文。

2）事件等级划分。断路器控制保护系统的全部事件根据严重程度可以分为四个等级，在实时报警系统浏览界面分别使用不同的颜色表示。

灰色：正常的遥控操作等产生的报文；

绿色：系统发生轻微故障，但不影响系统运行，仍可以长期稳定运行；

黄色：系统发生严重故障，已经影响到系统运行，可以短时间运行；

红色：系统发生紧急故障，系统发生闭锁或跳闸。

（2）历史事件查询。在实时报警系统浏览界面，可以对历史事件进行分类查询，查询步骤如下：

1）进入实时报警系统浏览界面后，选择工具栏中的"历史分类查询"按钮（如图 3-30 中线框标出）。

2）弹出"历史分类查询对话框"，在对话框底部设置起始时间和终止事件（如图 3-31 中线框标出），单击底部右侧的"查询"按钮。

3）在历史分类查询对话框就可以看到设定时间内的所有事件报文，如图 3-32 所示。

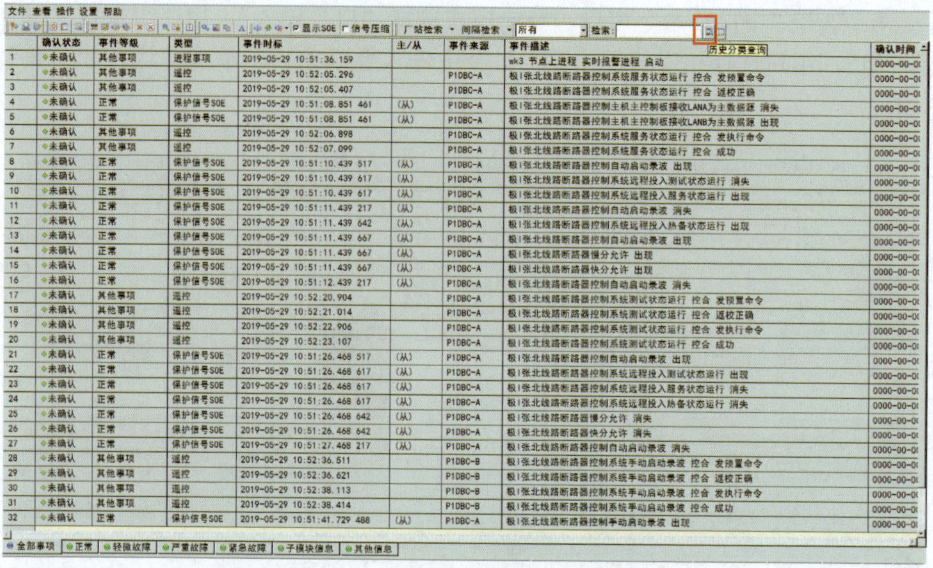

图 3-30　历史分类查询选项截图

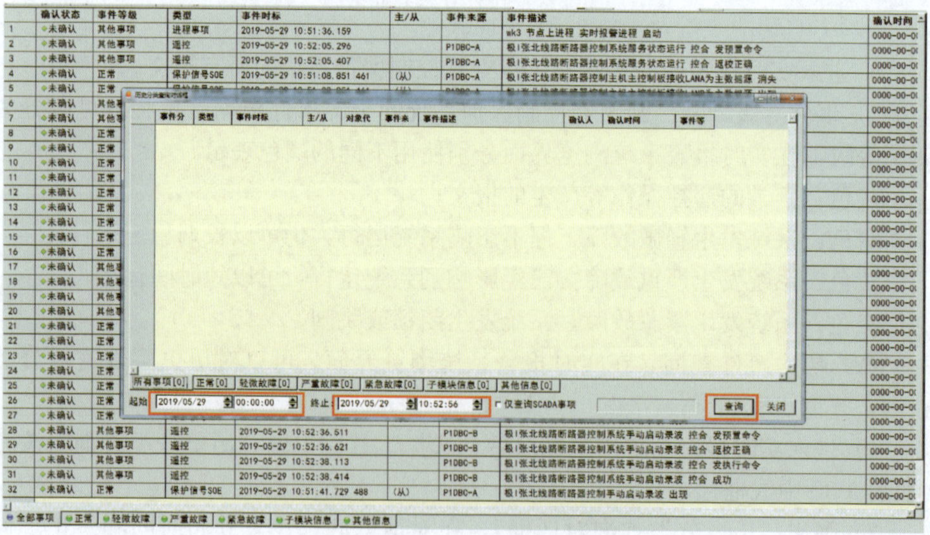

图 3-31　历史分类查询设置截图

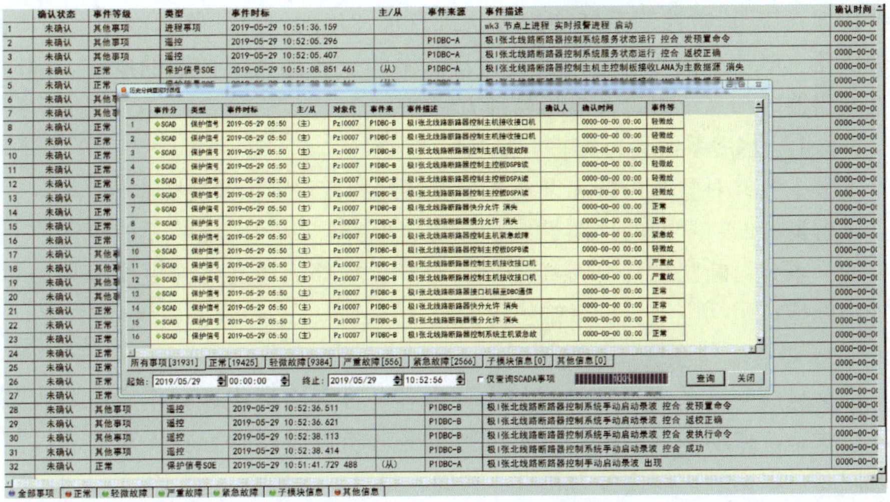

图 3-32　历史分类查询结果显示截图

10. 软件版本界面

软件版本界面如图 3-33 所示，说明极Ⅰ/极Ⅱ的设备名称、版本号、校验码和程序生成时间。

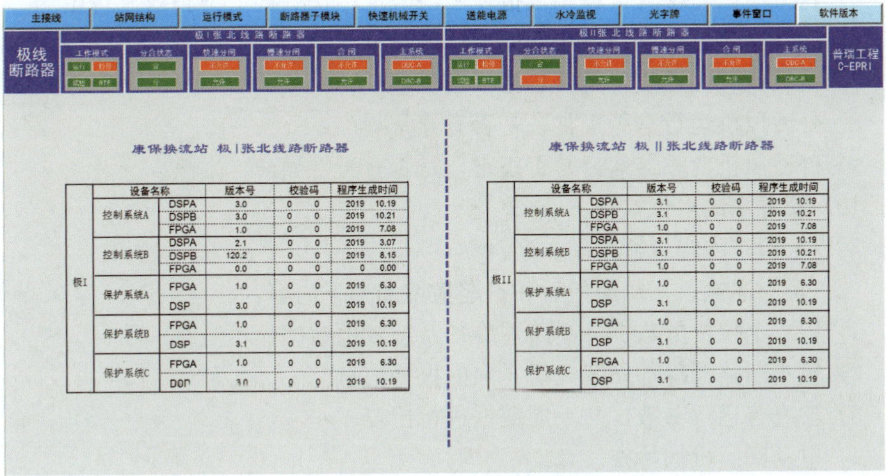

图 3-33　软件版本界面截图

3.3　高压直流断路器水冷系统运行维护

本节是针对张北柔性直流工程中高压直流断路器冷却系统（以下简称"断

路器冷却系统"）中控制系统使用方法进行描述说明，对断路器冷却系统主泵、电加热器、电动阀门等动力设备的自动、手动操作都做了详细的阐述，同时也包括断路器冷却系统报警及故障处理方式。

3.3.1　水冷系统运行维护

本节主要针对整套设备和设备各个零部件的日常维护及故障维修。

进行良好的、全面的预防性维护以保证断路器冷却系统的无故障运行是很重要的。本节对断路器冷却系统的例行维护、检修、备品备件更换等措施进行了详细阐述，包括电气、机械维护等内容。

1. 断路器冷却系统日常维护

巡检是阀内冷系统日常维护的主要内容。日常维护应做到粗中有细，从设备运行状态、振动情况、噪声、运行数据等分析设备是否存在安全隐患，提前发现问题。根据维护周期分为每日、每周、每月、每年。

（1）每日巡检。

1）巡视控制柜面板上的信号灯指示是否正确。

2）检查去离子水流量是否正常。

3）检查阀内冷系统运行参数是否正常（流量、压力、液位、电导率等）。

4）检查电动机如主循环泵噪声、温度、运行电流等。

5）氮气瓶压力检查：较接近报警限值时请尽快更换或准备新氮气瓶。

6）原水罐液位检查：较接近低液位值时请尽快补充或准备。

7）自动排气阀检查：是否正常排气。

8）外冷风机运行是否正常，是否有异常噪声。

9）外冷风机变频器运行是否正常，是否有异常噪声、发热。

10）喷淋水池水位检查。

对以上检查内容进行记录。

（2）每周巡检。在每周最后一日巡检增加如下内容：

1）检查上位机的数据与断路器冷却系统就地数据显示是否一致。

2）检查断路器冷却系统人机界面的报警信息。

3）检查各运行参数，与上周数据进行比较。

4）电动阀门机构检查。

5）双电源切换装置检查。

6）软启动器检查。

7）各泄空阀检查。

对以上检查内容进行记录。

（3）每月巡检。在每月最后一周巡检增加如下内容：

1）管路连接螺栓、密封圈。

2) 电控柜散热风扇、过滤器。

3) 管道支吊架。

4) 动力柜母线、柜内温度。

5) 控制柜内元器件。

6) 各阀门状态。

对以上检查内容进行记录。

(4) 每年年检。每年年检在系统停机后对设备进行检修，在以上巡检上增加如下内容：

1) 电气绝缘、接地电阻。

2) 主过滤器清洗。

3) 精密过滤器清洗。

4) 仪表校准。

5) 输入、输出电器检查。

6) 冗余继电器功能检查。

7) 冗余输入/输出模块及 I/O 点检查。

8) 主循环泵检查（动作性能、同轴度、接线、绝缘等）。

9) 补水泵、原水泵检查（动作性能、接线、绝缘等）。

10) 电磁阀检查（动作性能、接线等）。

11) 电动阀门检查（动作性能、接线等）。

12) 各检测仪表检查（逻辑动作、接线等）。

13) 外冷风机、接线盒、安全开关接线检查。

14) 风机变频器检查。

15) 双电源切换装置的检查。

16) 管道支架管码。

17) 管束翅片的冲洗。

2. 阀内冷系统工艺部分主要部件维护

(1) 主循环泵维护。日常检查和保养可保持主循环泵设备的良好运行和延长使用寿命。可通过电流表、温度计等简单仪器检测，从启动、运转中去判断电动机是否正常运转。其他诸如容易磨损零件的损耗程度、线圈有无尘埃、油渍积集或劣化等状况，只有停机检查，对异常部件进行更换，才能确保设备使用寿命，防止故障发生。高压直流断路器主循环泵的常规维护项目有：

1) 定期检查电动机。为保证通风充足，请务必保持电动机清洁。定期清洗电动机冷却风扇的积尘。

2) 轴承根据电动机铭牌上的规定选用锂基润滑油脂进行润滑。

3) 在严寒季节不需要使用水泵时，应该排空水泵以防损坏。

4）如果泵要长期排空不用，应在轴上轴承托架处注入几滴硅油，以防止轴端密封的黏结。

（2）原水泵、补水泵维护。原水泵、补水泵故障虽不会立刻造成断路器冷却系统跳闸等严重问题，但当系统急需补水时如补水泵无法工作，就会导致断路器冷却系统跳闸等严重后果，因此，应定期对原水泵、补水泵进行检查，常规的检查维护项目有：

1）每周检查补水泵管路阀门是否有非正常的关闭。

2）对补水泵的运行次数进行记录，以便了解断路器冷却系统的综合运行情况。

3）原水泵、补水泵运行时的噪声应低于72dB，当噪声增大或异常时应立即停止运行，排除故障。

4）每年年检期间，检查补水泵接线是否有松动、运行电流是否正常。启动原水泵、补水泵进行补水，检查原水泵、补水泵是否有异常振动、噪声，压力、流量是否正常。

5）每2年应清洗水泵电动机风叶一次。

（3）离子交换器。如系统中注入电导率较高的水，将缩短树脂寿命，建议补充水电导率不超过 $10\mu S/cm$。每套水处理设备装设离子交换器两台，可对单台离子交换器进行在线更换树脂。更换树脂时要小心，眼睛或皮肤接触到树脂会引起轻微的发炎，应穿戴橡胶手套及安全眼镜，更换树脂前后应对去离子流量及电导率进行记录。维护过程中应尽可能回收冷却介质并保持其洁净，便于重复利用。

（4）过滤器。高压直流断路器冷却系统共设置有两台主过滤器、两台精密过滤器。在日常巡检过程中，如发现正在运行的主过滤器、精密过滤器等压差大于正常运行值，则要对其进行清洗和维护，维护前应切换至备用过滤器运行。过滤器压差值的大小可以根据对应过滤器的压差表、压力表等得出。

（5）电动三通阀、电动蝶阀。三通阀全开是指冷却水全部进入室外冷却设备，全关是指冷却水全部进入旁路。断路器冷却系统装设电动三通阀两套、电动蝶阀两套，可对单个故障电动执行器进行在线更换。电动三通阀、电动蝶阀常规的维护项目有：

1）每月巡检中对三通阀执行机构的连杆销轴进行检查。

2）每年停机检修时，手动进行三通阀、电动蝶阀执行机构的开关动作，检查开关反馈信号是否正常。

3）每年停机检修时，检查电动三通阀、电动蝶阀的逻辑动作是否正常，在自动运行状态下，两套电动三通阀应是同时开或关，电动蝶阀应是一个开启另一个关闭。

（6）止回阀。每台主循环泵出口设置一台止回阀，防止介质回流。止回阀采用机械密封，当阀板或弹簧损坏时会导致运行泵的介质回流，造成当前工作泵流量、压力无法满足要求。止回阀可以在线进行更换。另外，高压直流断路器冷却系统还配置有两台补水泵，每台补水泵出口设置有一台止回阀。

（7）电加热器。阀内冷系统共设有四台电加热器，电加热器的更换可在线进行。断开故障电加热器电源，并确保不会被外闭合。

3.3.2 水冷系统操作模式选择和常规运行维护操作介绍

断路器冷却系统共有手动、停止、自动三种运行模式，通过可编程逻辑控制器（PLC）控制柜面板上的三档钥匙旋钮开关调节选择。三种运行模式下断路器冷却系统运行模式、仪表数据、设备状态信息、报警信息都能够在控制柜面板触摸屏上正常显示。

1. 手动模式

断路器冷却系统处于手动操作模式下，主循环泵、补水泵、电加热器（主泵运行时）、冷却塔、风机、喷淋水泵等能通过控制柜面板触摸屏相应手动按钮进行手动操作。

注：手动模式下，PLC控制逻辑只保留最基本的连锁保护逻辑，例如电加热器只能在主循环泵运行的条件下才能启动。

手动模式用于调试阶段及检修阶段使用，正常运行时禁止使用。

2. 停止模式

将三档钥匙旋钮开关调节至停止档位，此时断路器冷却系统所有设备全部处于停止（风机、水泵等）或关闭（电磁阀、电动阀等）状态，通过触摸屏面板无法对任何设备进行操作。

此模式下所有传感器数值、设备状态、报警信息都可以在触摸屏上正常显示。

3. 自动模式

将三档钥匙旋钮开关调至自动档位，此时断路器冷却系统为自动模式。自动操作模式下，断路器冷却系统既可以接收操作面板触摸屏就地启停指令，也可接收站控后台上位机远程启停断路器冷却指令和控制室控制指令。远程启停指令优先，通过控制室下发，即上位机通过远程启停指令可接管对断路器冷却系统的控制，远程启动断路器冷却系统后触摸屏操作面板就地停断路器冷却命令失效。自动启动后，断路器冷却控制系统根据控制室整定参数，监控断路器冷却系统的运行状况并检测系统故障。PLC自动控制冷却水温、流量、压力、电导率、水位、漏水检测等，对断路器冷却系统参数的超标情况及时发出预警或跳闸警报。

自动运行模式下，主循环泵、冷却塔、冷却塔喷淋水泵、电加热器、补水泵等设备由 PLC 系统根据实际工作条件进行自动控制。此时各设备控制柜面板触摸屏按钮手动操作无效。

3.3.3　水冷系统常见故障及解决方法

1. 主循环泵运行过程中出现的故障及解决方法

主循环泵是高压直流断路器水冷系统提供水压和流量的关键设备，在运行过程中若出现不能输送液体或者输送液体太少、因过载导致电动机保护断路器和软启跳闸、系统启动后电动机未运行、运行过程中流量波动较大、运行噪声过大、运行不稳定并震动过大、水泵接口处轴封泄漏、未运行泵反转、电动机温度过高和轴承支架或蓄油箱漏油等现象，按照表格 3-9 中解决方法操作。

表 3-9　　　　　　　　主循环泵运行过程中常见故障及解决方法

故障现象	具体原因	解决方法
主循环泵不能输送液体或输送液体过少	电气连接错误（无电源或缺相）	检查电气连接并采取必要的纠正措施
	转向错误	互换电源的两相
	吸入管路中的气体	在水冷管道和泵中排空并注满液体
	背压过高	按照参数设置工作点，检查系统是否有杂质
	入口压力过低	提高吸入侧的液位，将吸入管的隔离阀打开
	吸入管路或叶轮被异物堵塞	清洗吸入管道或水泵
	由于密封损坏，水泵吸入空气	检查管路密封，泵壳体衬垫和轴密封，必要时更换
	由于液位过低，水泵吸入空气	提高吸入侧的液位，尽可能使它保持恒定
因过载导致电动机保护断路器和软启跳闸	水泵被杂质堵塞	清洁水泵
	水泵运行超出额定工作点	按工作点运行
	液体的密度或黏度高于要求	如果减少流量可以满足需要，降低排出侧的流量。或者安装功率更大的电动机
	电动机保护断路器的过载设置不正确	检查电动机保护断路器的设置，必要时更换
	电动机缺相工作	检查电气连接。熔丝如有损坏，更换
系统启动后电动机未运行	电动机无供电电源	检查回路，恢复供电
	保护断开	检查定值
	接触器触点无法闭合、线圈出现故障（无控制电源）	必要时更换
	控制回路出现故障	检查控制回路
	电动机出现故障	维修或更换

故障现象	具体原因	解决方法
流量波动较大	主泵入口压力太低	检查水泵入口压力
	主泵入口侧阀门开度太小	检查水泵进口阀门
	泵体有大量空气	排气
	泵反转	调换电源相序
泵运行噪声过大，水泵运行不稳定并出现震动	泵入口压力太低，即泵空蚀	提高吸入侧的液位。将吸入管的隔离阀打开
	吸入管或泵进入空气	排空并注满吸入管和水泵
	背压低于规定值	按照参数表设置工作点
	由于液位过低，水泵吸入空气	提高吸入侧的液位，尽可能使它保持恒定
	叶轮失去平衡或叶片堵塞	检查并清洁叶轮
	内部零件磨损	更换磨损零件
	管道应力使泵变形，继而产生启动噪声	重新安装泵使其不受应力。把管路支撑好
	轴承故障	更换轴承
	电动机风扇故障	更换风扇
	联轴器故障	更换联轴器，并重新对中联轴器
	泵内有异物	清洗水泵
水泵、接口或机械轴封泄漏	管道应力使泵变形，进而引起泵壳或接头泄漏	重新安装泵使其不受应力。把管路支撑好
	泵壳垫片及连接处的垫片损坏	更换泵壳垫片或连接处的垫片
	机械轴封过脏或相互黏结	检查并清洁机械轴封
	机械轴封损坏	更换机械轴封
	密封盒损坏	重新紧固密封盒，修理或更换填料密封盒
	轴面或轴套损坏	更换轴或轴套。更换填料密封箱内的密封环
泵未运行时，泵反转	水泵出口止回阀回流	更换止回阀
泵壳电动机温度过高	吸入管或泵进入空气	排空吸入管或泵，再重新装满液
	入口压力过底	提高吸入侧的液位。将吸入管的隔离阀打开
	轴承润滑剂太少、太多或不适用	添加、减少或更换润滑脂
	带轴承座的泵受到管路的张力牵拉	重新安装泵使其不受应力。把管路支撑好。检查联轴器的对中情况
	轴向压力过高	检查叶轮的泄压孔以及吸入管路上的锁环
	电动机保护断路器损坏，或设置不正确	检查电动机保护断路器的设置，必要时更换
	电动机过载	降低流量

第 3 章

第
3
章

续表

故障现象	具体原因	解决方法
轴承支架漏油	通过加注孔注入轴承支架的润滑油过多，导致油位高于轴的低端	排出润滑油，直到恒液位注油器开始工作，即蓄油箱出现气泡
	油封故障	更换油封
润滑油从蓄油箱中漏出	蓄油箱的线程损坏	更换蓄油箱

2. 补水泵、原水泵运行过程中出现的故障及解决方法

补水泵和原水泵在运行过程中若出现启动是不能运行、保护断路器跳闸、水泵运行不稳定、水泵正常运行但是不出水、水泵倒转、轴封泄漏和噪声过大等问题，会影响高压直流断路器水冷系统的稳定运行，出现上述状况的应急解决方法见表 3-10。

表 3-10 　　　　　　　补水泵和原水泵运行过程中常见故障及解决方法

故障现象	具体原因	解决方法
电动机启动不能运行	供电故障	连接供电电源
	熔丝烧断	更换熔丝
	电动机保护断路器跳闸	重新合上电动机保护断路器
	过热保护器跳闸	重新合上过热保护器
	电动机保护断路器中主触点不发生接触或线圈故障	更换触点或电磁线圈
	控制回路故障	更换控制回路
	电动机损坏	更换电动机
电动机保护断路器在电源接通时立即跳闸	熔丝/自动断路器烧毁	更换熔丝/合上断路器
	电动机保护断路器的触点故障	更换电动机保护断路器触点
	电缆接头松开或故障	接紧或更换电缆接头
	电动机绕组有问题	更换电动机
	水泵机械性堵塞	水泵机械清堵
	电动机保护断路器设置过低	正确设置电动机保护断路器
水泵运行性能不稳定	泵的入口压力太低（空蚀）	检查吸水条件
	吸水管/水泵被杂物部分堵塞	清洗吸水管/水泵
	水泵吸入空气	检查吸水条件
水泵运行但是不出水	吸水管/水泵被杂物部分堵塞	清洗吸水管/水泵
	底阀或者止回阀卡在关闭位置	修理底阀或止回阀
	吸水管渗漏	修理吸水管
	吸水管或泵内进入空气	检查吸水条件
	水泵转动方向错误	改换电动机转动方向
水泵在关机时倒转	吸水管渗漏	修理吸水管
	底阀或单向阀有问题	修理底阀或单向阀

续表

故障现象	具体原因	解决方法
轴封泄漏	轴封损坏	更换轴封
噪声过大	空蚀	检查吸水条件
	水泵不能自由转动（摩擦阻力），水泵轴的位置错误	调整泵轴

3. 电动三通阀、电动蝶阀运行过程中出现的故障及解决方法

电动三通阀、电动蝶阀在运行过程中的主要作用是分配冷却水进入室外冷却设备还是进入旁路，在运行过程中若出现电动三通阀电动机不启动或者开闭指示灯不亮等，处理方法见表 3-11。

表 3-11　　　电动三通阀、电动蝶阀运行过程中常见故障及解决方法

故障现象	具体原因	解决方法
电动机不启动	没有接上电源	接好电源
	断线、线头与端子台脱离	修理接线，正确连接紧固端子
	电源电压不对或电压过低	检查电压
	过热保护器动作（环境温度是否过高，阀门是否卡死）	降低环境温度，用手动的方法检查阀门的开闭是否正常
	极限开关的动作不良	更换开关
	行程挡块的调整不良	调整行程挡块位置
开闭指示灯不亮	灯泡坏	更换灯泡
	极限开关的动作不良	更换开关
	行程挡块的调整不良	调整行程挡块位置

第 4 章

高压直流断路器检修技术

4.1 高压直流断路器例行检修项目

为确保高压直流断路器的稳定运行，推荐每年进行一次例行检修试验，具体项目如下。

1. 高压直流断路器测量系统（包含主供能/激光供能）设备检查项目

(1) 各采集单元机箱工作电源符合要求。

(2) 采集参数检查。

(3) 照明检查。

(4) 外观检查及除尘。

(5) 光纤检查。

(6) 信号回路检查。

(7) 系统切换试验检查。

(8) 控制保护定值及版本号检查。

(9) 绝缘检查。

2. 高压直流断路器阀体外观检查及清洁项目

(1) 转移支路阀组件。

(2) 耗能支路避雷器。

(3) 快速机械开关。

(4) 主支路阀组件。

(5) 主供能变压器。

(6) 层间供能变压器。

(7) OCT。

(8) 阀光纤外观及松动检查。

(9) 阀塔内所有载流排、管形母线连接部分。

(10) 支柱绝缘子及拉杆。

(11) 均压环和均压罩。

(12) 阀塔主水管、层间水管和 FEP 管。

（13）漏水检测组件。

（14）连接检查。

（15）清污。

3. 特性试验

（1）主通流回路（含机械开关）电阻测试。

（2）转移支路半导体器件的测试。

（3）主支路 IGBT 逐级功能测试。

（4）转移支路 IGBT 逐级功能测试。

（5）漏水检查功能试验。

（6）后台分合闸功能试验。

（7）主支路水压试验。

（8）OCT 注流试验、精度试验。

（9）机械开关微水测试。

（10）主供能微水测试。

（11）层间供能微水测试。

（12）备用光纤通断测试。

（13）主供能非电量保护动作校验。

4. 主、辅控楼三楼控保小室高压直流断路器测量系统/激光供能系统检修项目

（1）各采集单元机箱工作电源。

（2）采集参数检查。

（3）照明检查。

（4）外观检查及除尘。

（5）光纤检查。

（6）信号回路检查。

（7）系统切换试验检查。

（8）定值、软件版本号核对。

（9）绝缘检查。

5. 主、辅控楼二楼 UPS 小室高压直流断路器供能 UPS 检修项目

（1）外观检查及除尘。

（2）风扇检查。

（3）采集参数检查。

（4）UPS 切换试验检查。

6. 绝缘电阻、回路电阻测试

单台高压直流断路器年检需要 4 天时间，配置检修人员 12 人。

所需工器具清单见表 4-1。耗材清单见表 4-2。

表 4-1　　　　　　　　　　工 器 具 清 单

序号	名称	型号规格（精度）	单位	数量
1	升降车	$H \geqslant 14.5\text{m}$	台	2
2	自行剪叉式升降平台	$H \geqslant 7.7\text{m}$	辆	1
3	剪叉式升降车	$H \geqslant 14.5\text{m}$	辆	1
4	阀塔安装检修踏板平台	7000-862-5	套	1
5	检修伸缩踏板平台	7000-862-5	套	1
6	220V 电线轮	10A 或以上	个	4
7	功率模块测试仪	ZD_HELP-9000ZD	台	2
8	光纤测试仪	OPM4-1D EasyGetWifi	对	2
9	回路电阻测试仪	PCI$\mu\Omega$/3-C	台	2
10	排气阀	—	个	2
11	力矩扳手	$10\sim400\text{N} \cdot \text{m}$	套	2
12	内六角旋具套筒头	6，8，10，12，14	套	2
13	开口力矩头	8，10，12，13，14，16，17，18，19，24，30	套	2
14	棘轮两用扳手	8，10，12，13，14，16，17，18，19，24，30	套	2
15	内六角扳手	5，6，8，10，12，14	套	2
16	电筒	—	个	10
17	吸尘器	—	台	2
18	防静电毛刷	—	个	10
19	万用表	—	个	4
20	安全帽	—	个	12
21	全身式安全带	—	条	12
22	防静电手套	—	双	24

表 4-2　　　　　　　　　　耗 材 清 单

序号	名称	型号规格（精度）	单位	数量
1	99.7％无水乙醇	500mL	瓶	1 瓶
2	无毛擦拭纸	—	盒	1
3	砂纸	600 目	张	若干
4	保护膜	—	卷	1
5	硅油	—	瓶	1
6	棉签	—	袋	1

具体项目周期、标准见表 4-3。

表 4-3 　　　　　　　　　　　检 修 作 业 表

序号	项目	周期	标准	说明
1	快速机械开关			
1.1	外观检查	每年 1 次	1) 本体表面应清洁，无裂纹、破损和闪络放电痕迹； 2) 阻容装置应清洁无污物，无裂痕、破损和闪络放电痕迹	本体表面有闪络放电痕迹，须对快速机械开关进行更换
1.2	分/合闸指示检查（如有）	每年 1 次	1) 分/合闸指示正确； 2) 分/合闸指示牌无脱落、掉色、变形、指示错误的现象	发现分/合闸指示牌脱落、掉色、变形、指示错误时，必要时进行更换
1.3	操动机构	每年 1 次	1) 螺栓无松动，缓冲器（如有）无渗漏油； 2) 驱动机构正常，弹簧保持机构正常； 3) 无阻塞情况，位置回报正常	缓冲器如有渗漏油现象应尽快处理或更换
1.4	驱动回路	每年 1 次	1) 控制单元通信正常，各种状态信号能够正确上送； 2) 能够正确执行各种命令； 3) 储能单元正常	储能单元异常，须进行更换
1.5	连接法兰、连接螺栓检查	每年 1 次	1) 法兰连接螺栓紧固，无破损、裂纹； 2) 连接螺栓无锈蚀、裂纹、断裂现象； 3) 用力矩扳手检查螺栓紧固情况，满足设备说明书技术要求	1) 连接螺栓发现锈蚀、裂纹、断裂现象时，须对螺栓进行更换，新螺栓的强度不得低于原有螺栓强度； 2) 力矩参照 GB 50149—2010《电气装置安装工程　母线装置施工及验收规范》，力矩紧固后进行标记
2	电力电子模块			
2.1	外观检查	每年 1 次	1) 功率半导体器件、二极管及散热器外表无裂痕、变形、氧化锈蚀痕迹； 2) 功率半导体器件和二极管如采用压接形式，压装应牢固，与散热器接触良好	1) 对功率半导体器件、二极管及散热器表面裂痕、变形的，必要时进行更换，更换后须进行试验； 2) 结构安装正确，连接力矩等符合工艺要求，力矩线清晰，电气连接符合配线及工艺要求

第 4 章

续表

序号	项目	周期	标准	说明
2.2	控制板卡	每年1次	1）外观正常，无变色、闪络痕迹； 2）板卡插紧到位，插座端子连接完好； 3）电气连接线紧固无松动； 4）光纤、端子固定、连接可靠	1）对松动的板卡采取固定措施； 2）对连接松动的部件进行紧固处理
2.3	主支路电力电子模块旁路开关（仅混合式）	每年1次	1）外观正常，无闪络； 2）连接线无松动、严重锈蚀或损伤	旁路开关有闪络痕迹，须进行更换
2.4	冗余情况检查	每年1次	功率半导体器件冗余数应不小于12个月运行周期内损坏的功率半导体器件数的期望值的2.5倍，也不应少于厂家建议的 IGBT/IEGT/IGCT 和晶闸管冗余值	对存在故障的功率半导体器件提前制订更换计划
3	充电电容、储能电容、缓冲电容			
3.1	外观检查	每年1次	1）检查电容器外观，外观应光洁，无划伤、锈蚀及凹痕； 2）标识应清晰牢固，内容完整； 3）检查装配结构应正确，连接力矩符合工艺要求	对变形、损坏、鼓包及接线柱损坏的电容器进行更换
3.2	接线检查	每年1次	接线牢固、无松动，电容固定可靠	对接线松动的电容器进行紧固处理
4	电阻			
4.1	外观检查	每年1次	外观无变形，表面清洁，无锈蚀	1）清洁外表面的积污，用无毛布（纸）擦拭干净； 2）对存在变形、损坏的电阻进行更换，更换前需对电阻值进行测量
4.2	接线检查	每年1次	接线牢固、无松动	对松动的电阻进行紧固处理
5	电抗器、耦合变压器			
5.1	外观检查	每年1次	1）外壳无裂纹、损伤，绝缘涂层完好； 2）外包封表面清洁，无裂纹，无爬电痕迹，无涂层脱落现象； 3）无异常放电现象，无异物	电抗器、耦合变压器绝缘层若有变形损坏须进行更换

续表

序号	项目	周期	标准	说明
5.2	接线检查	每年1次	接线牢固、螺栓无松动，力矩正常	对接线松动的电抗器、耦合变压器进行紧固处理
6	主供能变压器			
6.1	外观检查	每年1次	1）外壳表面清洁、无放电现象； 2）无裂纹或破损； 3）SF$_6$气体绝缘的变压器应检查压力表	清洁外表面的积污，用无毛布（纸）擦拭干净
6.2	接线检查	每年1次	固定螺栓无松动，力矩线清晰	对接线松动的主供能变压器进行紧固处理
7	层间变压器			
7.1	外观检查	每年1次	1）层间供能表面整洁，无磕碰、划伤、磨损； 2）伞裙表面无裂痕缺损，伞裙表面无闪络痕迹； 3）SF$_6$气体绝缘的变压器应检查压力表	清洁外表面的积污，用无毛布（纸）擦拭干净
7.2	接线检查	每年1次	固定螺栓无松动，力矩线清晰	对接线松动的层间变压器进行紧固处理
8	供能磁环			
8.1	外观检查	每年1次	表面整洁、无磕碰、划伤，无磨损、闪络痕迹	清洁外表面的积污，用无毛布（纸）擦拭干净
8.2	接线检查	每年1次	接线牢固、螺栓无松动	对接线松动的供能磁环进行紧固处理
9	供能电缆			
9.1	外观检查	每年1次	1）电缆表面清洁，表皮无破损、绝缘老化现象； 2）无电弧灼伤、变形	1）清洁外表面的积污，用无毛布（纸）擦拭干净； 2）有破损现象的电缆须进行更换
9.2	接线检查	每年1次	接线牢固，无松动	对接线松动的供能电缆进行紧固处理
10	避雷器			
10.1	外观检查	每年1次	1）表面清洁，无放电现象； 2）无变形或损坏	复合外套表面单个缺陷超过25mm^2，或深度大于1mm，或总缺陷面积超过复合外套面积0.2%的应更换，耗能支路的MOV应进行整级更换

续表

序号	项目	周期	标准	说明
10.2	接线检查	每年1次	电气连接完好，无松动	接线松动的应进行紧固处理
11	OCT			
11.1	外观检查	每年1次	1）无锈蚀、变形、破损，表面光滑，安装无倾斜； 2）无固定螺栓松动、脱落，或螺栓垫圈不符合要求情况	1）出现锈蚀、毛刺时，进行打磨、清洁； 2）出现变形、破损时，进行调整、修复
11.2	接线检查	每年1次	电气连接完好，无松动	对接线松动的OCT进行紧固处理
12	光纤			
12.1	外观检查	每年1次	1）光纤连接可靠，排布整齐，无断裂、破损、脱胶； 2）光纤槽扣板紧固，无变形； 3）光纤槽及光分配器安装紧固； 4）备用光纤安装有保护套； 5）光纤标识应清晰、准确、规范	1）对存在断裂、破损的光纤进行更换； 2）对变形严重的光纤槽盒扣板进行更换； 3）对松动的光纤槽及光分配器进行紧固处理； 4）对缺少保护帽的光纤经检测合格后加装保护帽
12.2	防火包检查（如有）	每年1次	光纤槽盒内防火包无缺失、破损	对缺失或破损的防火包进行补充和更换
13	冷却水管（如有）			
13.1	外观检查	投运后1年；以后每3年1次	1）水管外观无变形、裂纹、渗漏、老化现象，相关连接部位无锈蚀； 2）水管接头紧固标识无移位； 3）等电位电极处无漏水； 4）水管固定可靠，固定处水管无磨损现象； 5）对水管接头进行力矩检查	按照《关于加强换流站阀塔漏水治理，落实阀塔检修"十要点"的通知》（国网运检一〔2015〕42号）执行
13.2	阀门位置检查	每年1次	1）阀塔进出水阀门、排水阀门位置状态正确； 2）阀门固定装置无松动	若阀门位置错误，对阀门位置进行调整，并对相同位置的所有阀门进行检查
13.3	电极结垢检查	每年1次	1）对存在水垢的电极进行处理； 2）电极上沉积物厚度大于1mm或有效部分体积减小超过20%时，对电极进行更换	1）对适当数量的电极进行更换； 2）清理及更换等电位电极时应同时更换O形密封圈

续表

序号	项目	周期	标准	说明
14	阀塔			
14.1	外观检查	每年1次	1）均压罩无烧灼、破损、变形、放电、氧化锈蚀痕迹； 2）均压罩支撑连接杆无变形、断裂、破损现象	1）穿专用防护服进入阀塔； 2）随身携带工器具做好登记，不得携带与检修无关的其他物品进入阀塔
14.2	阀塔清扫	每年1次	1）IGBT/IEGT/IGCT、散热器、电阻、电容、电抗器等清洁无灰尘； 2）控制单元、水管、主通流回路、光纤槽盒清洁无灰尘； 3）阀塔支架、均压罩等部位明亮清洁	1）穿专用防护服进入阀塔； 2）使用无毛布（纸）进行擦拭； 3）随身携带工器具做好登记，不得携带与检修无关的其他物品进入阀塔
14.3	漏水检测装置外观及功能检查	每年1次	1）漏水检测装置外观无异常； 2）漏水检测装置功能正常	1）穿专用防护服进入阀塔； 2）随身携带工器具做好登记，不得携带与检修无关的其他物品进入阀塔
14.4	绝缘子检查	每年1次	1）瓷式绝缘子无裂痕、放电痕迹，表面清洁、无污物； 2）绝缘子伞裙表面清洁无污物、破损、闪络放电痕迹	1）瓷式绝缘子有穿透性裂纹，外表破损面超过 $40mm^2$ 应修补或更换； 2）复合绝缘子伞裙表面单个缺陷超过 $25mm^2$，或深度大于1mm，或总缺陷面积超过复合外套面积0.2%的，应更换
15	直流断路器设备区			
15.1	红外测温设备外观检查	每年1次	1）红外测温设备元器件外观无异常； 2）设备外观清洁	设备用无毛布（纸）擦拭
15.2	红外测温系统功能检查	每年1次	1）探测器安装牢固，探测范围符合设计要求； 2）测温设备手动及自动巡检功能正常	直流断路器设备带电时对直流断路器设备区红外测温系统测得的数据进行横向（与其他同类设备对比）、纵向（与历史检测数据对比）对比分析，对数据误差较大的进行检查处理
15.3	密封性检查	每年1次	熄灯检查无漏光	直流断路器停电检修时应将阀厅温湿度保持在要求范围内，当温湿度不满足要求时应采取有效的防护措施

续表

序号	项目	周期	标准	说明
15.4	直流断路器设备区清扫	每年1次	直流断路器设备区内墙、地面清洁无尘	1）使用真空吸尘器清扫或有水的抹布清灰； 2）直流断路器设备区地面的清扫在所有检修及试验工作完成后进行

4.2 混合式高压直流断路器检修

4.2.1 检修维护前期准备

4.2.1.1 预防措施

（1）不要弯曲光纤或触摸光纤的端部。所有检修工具应用白布带包裹并与检修人员连接，防止工具坠落。

（2）在更换工作完成时，必须检查由于更换元件而断开的螺栓连接、水路连接和电气连接。检查螺栓连接时，要确保所有部件（垫圈和弹簧部件）都已正确装配并用正确的力矩拧紧。这样的检查步骤同样适用于机械和电气连接。一定要检查打开的水路连接是否有泄漏。

（3）在工作完成后，阀塔必须保持清洁和干燥。

（4）在遵守安全规章的前提下，必须从阀厅拿走所有坠落的零件。

4.2.1.2 常规准备

（1）在进行所有的维护工作之前，除了在下面或其他地方注明的地方外，设备要断开电气和水压连接。阀模块附近要用栅栏隔开，未经允许的人员不能进入，同时采取安全保障措施避免由于坠落元件而造成的伤害。出于安全因素的考虑，维护工作不能在几个阀模块上同时进行。

（2）阀塔及登高车上所有操作过程中必须连接安全绳，登高车上应佩戴安全帽，阀塔内禁止佩戴安全帽。

（3）应配备工具包及螺栓存放包。工具包用于放置所有的拆卸工具，所有螺栓拆卸后应组装成套放入存放包内，不允许散落放入。

（4）所有发现的异常情况、完成的维护工作、故障部件的更换要按时间顺序记录下来，并同时记录责任人的相关信息。

（5）在质保期内，更换下的有缺陷部件，在提出相关要求后应该保存至少1年。如果空间有限，没有地方存放，对损坏部位应该拍照并归档以供将来查阅。

（6）在维护过程中，需要穿戴干净的防静电服装、帽子和鞋，不要穿鞋底脏的或鞋底由天然橡胶做成的鞋子，以免造成绝缘表面的污染。

（7）不要站在阀模块（硅堆组件、母排连接等）及其绝缘梁、绝缘子等设备上。

（8）在进行各项检修工作时，如需使用到检修踏板，应按要求规范使用：

1）支撑与固定点连接可靠，踏板与支撑搭接并自锁。

2）检修作业应避免上下交叉作业。

3）踏板平台仅提供人员检修操作不可承载器件，人员注意佩戴安全帽、安全绳等安全措施。

4.2.2　主要元器件更换

4.2.2.1　机械开关检修

1. 准备工作

按照表 4-4 准备相关工装工具。

表 4-4　　　　　机 械 开 关 检 修 工 具

序号	名称	型号、参数	数量
1	可换头预置式扭力扳手	5～25N·m	1
2	可换头预置式扭力扳手	20～100N·m	1
3	开口头	19mm	1
4	开口扳手	19mm	2
5	六角旋具套筒	6mm	1
6	六角旋具套筒	5mm	1
7	6 号内六角扳手	6mm	1
8	5 号内六角扳手	5mm	1
9	卸扣	≥1t	4
10	吊绳	2t/1.5m	1
11	吊绳	2t/2m	1
12	吊绳	2t/4m	2
13	手扳葫芦	UNOplus1500	1
14	吊环螺钉	M12×22	4
15	定位销 1	7000-0295L-14	8

2. 器件检修步骤

（1）确定检修路径。由于阀层结构在中部留出足够空间，故开关检修从左右两个阀层中间提出，如图 4-1 所示，同时为保证吊装及器件恢复过程的平稳过渡，在器件移出反向悬挂手扳葫芦进行牵引。

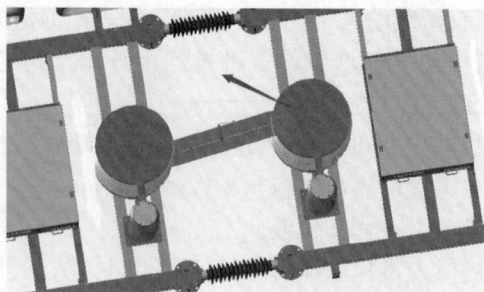

图 4-1　开关移出路径

（2）线缆、铜排等连接件拆除。将需要检修的机械开关上连接的铜排拆除，断开光纤、电缆等线路连接，如图 4-2 所示。注意光纤头拆下后需及时套光纤帽防护，同时用塑封袋包裹好。

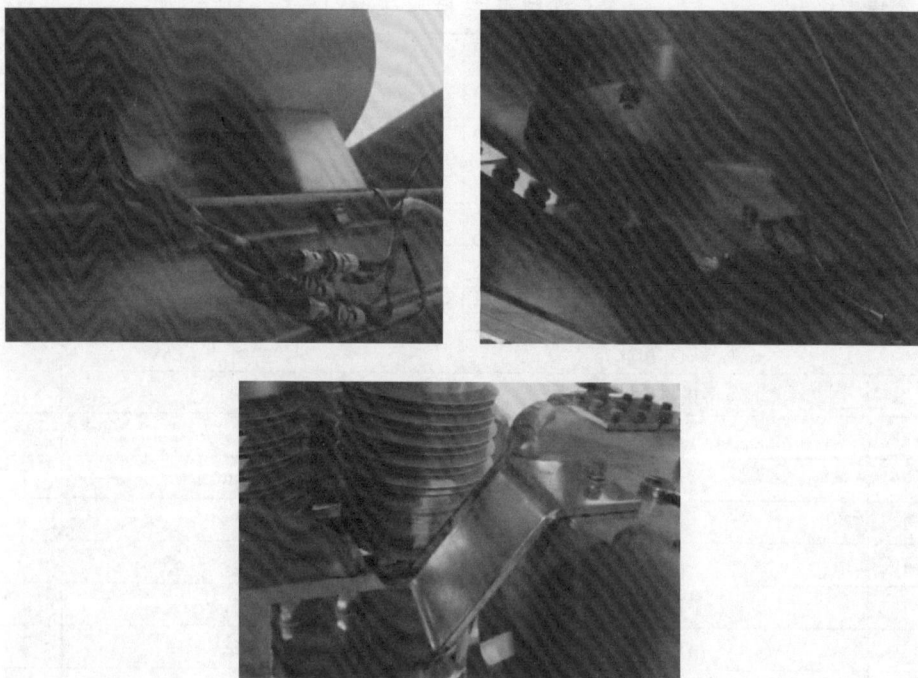

图 4-2　线缆、铜排拆除

（3）手扳葫芦悬挂及葫芦与器件连接。首先安装机械开关吊环螺钉，通过卸扣穿入 2 根 4m 柔性吊绳，并将柔性吊绳挂在从阀层中部空档穿入的行车吊钩上，在器件移出反向利用 1 根 1.5m 柔性吊绳在上层层间供能横梁处悬挂手扳葫芦，并将手扳葫芦挂钩与围在机械开关上法兰处的 2m 柔性吊绳带进行连接起到牵引作用，如图 4-3 所示。

图 4-3　手扳葫芦悬挂

（4）开关起吊。确保吊具安装稳固后，拆除机械开关底部固定螺钉，并缓慢提升行吊及手扳葫芦使器件竖直提升，器件提升过程需注意底部气阀的移出防护；机械开关底部提升至与触发回路出线高度一致后，可缓慢释放手扳葫芦链条，器件逐渐向行吊方向摆出并脱离手扳葫芦的牵引影响。最后解除手扳葫芦与机械开关的挂钩连接，将器件吊装出阀塔，如图 4-4 所示。

（5）器件恢复。机械开关恢复是起吊的反过程，其所采用的工装工具、安装方式与之前相同。由于开关较重，恢复时底部安装孔较难对齐，故现在开关底部安装定位螺杆，用于器件对孔，如图 4-5 所示。

图 4-4　开关起吊

图 4-5　定位销安装

安装好螺杆后，下放行车使吊起的机械开关缓慢下降，同时拉紧手扳葫芦，使开关向内侧横向移动，直至开关稳定放置于横梁上。调整位置使螺纹孔与横梁安装孔吻合，安装底部连接螺钉并紧固。安装铜排、光缆等线缆，拆除吊绳、手扳葫芦、吊环螺钉等工具，机械开关恢复完成。

4.2.2.2　触发回路检修及恢复

1. 准备工作

按照表 4-5 准备相关工装工具。

表 4-5　　　　　　　　　　　　触发回路检修及恢复工具

序号	名称	型号、参数	数量
1	可换头预置式扭力扳手	5～25N·m	1
2	六角旋具套筒	6mm	1
3	六角旋具套筒	5mm	1
4	6 号内六角扳手	6mm	1
5	5 号内六角扳手	5mm	1
6	卸扣	≥1t	4
7	吊绳	1t/2m	2
8	工装吊具	7000-0295L-05	2
9	内六角螺钉	M8×30	4
10	内六角螺钉	M8×35	4
11	平垫圈	$\phi 8$	12
12	弹簧垫圈	$\phi 8$	8
13	六角螺母	M8	4
14	检修导轨 R	7000-0295L-10	1
15	检修导轨 L	7000-0295L-11	1

2. 器件检修步骤

（1）拆除触发回路与层间供能、机械开关间的信号线和光纤连接，拆除前需做好标记，同时光纤头拆除后需及时套光纤帽防护，同时用塑封袋包裹好，避免端面出现脏污。

（2）拆除触发回路前段螺钉，安装导轨组件（检修导轨 R/L），安装时注意左右方向，如图 4-6 所示。

（3）安装吊装工装，拆除触发回路顶部吊装孔处盖板，安装吊具、卸扣及吊绳，安装螺钉 M8×30 配弹平垫。拆除触发回路尾端连接螺钉如图 4-7 所示。

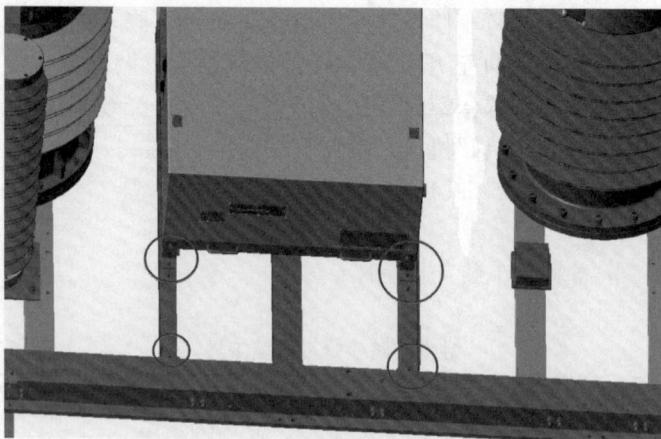

图 4-6　检修导轨安装

图 4-7　吊具安装

（4）利用行车将触发回路缓慢吊起，可从导轨上直接拖出，取出路径在开关阀层和耗能支路中间，如图 4-8 所示。

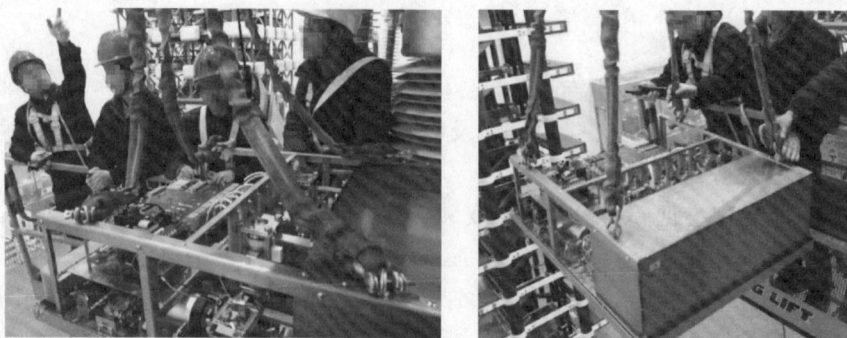

图 4-8　触发回路移出

（5）触发回路恢复。将整改后的触发回路恢复至开关阀层，其过程为器件移出的逆过程，相对比较简单，先利用行车将触发回路吊至阀层导轨，然后边缓慢降行车，边将触发回路往里推，推到位置后拆除相关吊具，安装触发回路限位螺钉，按力矩紧要求固到位。信号线及光纤恢复正确。

4.2.2.3　层间供能变压器检修及恢复

1. 准备工作

按照表4-6准备相关工装工具。

表 4-6　　　　　　　　　　层间供能变压器检修及恢复工具

序号	名称	型号、参数	数量
1	可换头预置式扭力扳手	5～25N·m	1
2	可换头预置式扭力扳手	20～100N·m	1
3	开口头	19mm	1
4	开口头	24mm	1
5	开口扳手	19mm	2
6	开口扳手	24mm	2
7	六角旋具套筒	6mm	1
8	六角旋具套筒	5mm	1
9	6号内六角扳手	6mm	1
10	5号内六角扳手	5mm	1
11	卸扣	≥1t	2
12	吊绳	2t/1.5m	2
13	吊绳	2t/2m	1
14	吊绳	2t/4m	2
15	吊绳	4t/6m	1
16	手扳葫芦	UNOplus1500	1
17	工装吊具	7000-0295L-06	1
18	定位销	7000-0295L-14	8
19	外六角螺钉	M16×60	2
20	外六角螺钉	M12×30	2
21	平垫圈	$\phi16$	2
22	平垫圈	$\phi12$	2
23	弹簧垫圈	$\phi16$	2
24	弹簧垫圈	$\phi12$	2

2. 器件检修及恢复步骤

（1）开关塔侧层间供能变压器检修。将层间供能器件上部屏蔽罩拆除及信号线拆除，如图4-9所示。

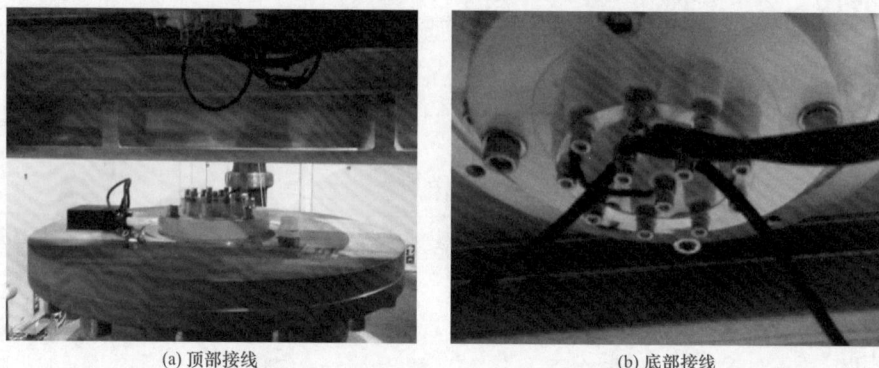

(a) 顶部接线　　　　　　　　　　　　　　　(b) 底部接线

图 4-9　信号线拆除

1）检修路径确定。根据要求，开关塔进出线侧不允许检修，同时阀层两端屏蔽罩拆装复杂，因此检修路径选在层间供能安装槽钢平行方向并指向转移支路阀塔侧，手扳葫芦挂点选在器件与框架横梁中心位置处，如图4-10所示。

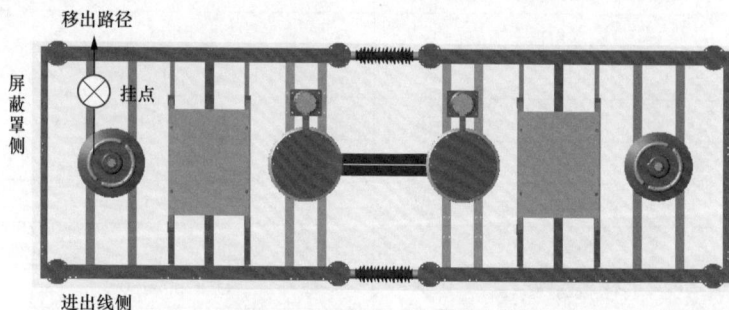

图 4-10　层间供能单元移出路径

2）手扳葫芦悬挂和器件吊绳绑扎。采用隔层起吊的方案，即吊具固定在上一层空间的上部横梁。固定方式如图4-11（a）所示，1.5m吊绳搭在上层层间供能支撑横梁上，与手扳葫芦连接，安装时手扳葫芦应位于两根横梁中间，避免左右偏移。4m吊绳一端捆绑于供能器上端，另一端扣入手扳葫芦的下挂钩实现手扳葫芦与供能器件相连。6m吊绳一端也捆绑于供能器件上端，另一端与行车相连，实现供能器件与行车相连，如图4-11（b）所示。

<table>
<tr><td>(a) 手扳葫芦悬挂</td><td>(b) 层间供能变压器起吊</td></tr>
</table>

图 4-11　手扳葫芦及吊绳安装

3）层间供能变压器提升和吊点转换及移出。确保吊具安装稳固后，拆除层间供能变压器底部固定螺钉，扳动手扳葫芦将主供能变压器缓慢吊起，此时 4m 吊绳受力处于拉紧状态，6m 吊绳处于松弛状态。当层间供能变压器与支撑横梁完全分离时，起吊完成，如图 4-12 所示。

层间供能变压器完全吊起后，180°翻转朝向，使其倾斜方向由向内侧倾斜变为向外侧倾斜。行车开始起吊，6m 吊绳逐渐拉紧，手扳葫芦缓慢释放，层间供能变压器向外拉出，直至 6m 吊绳垂直，4m 吊绳不再受力，层间供能变压器移出完成，如图 4-13 所示。

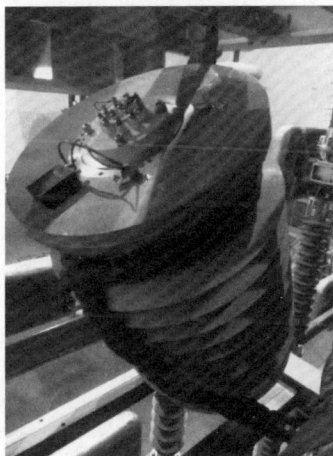

图 4-12　层间供能变压器吊起

图 4-13　层间供能变压器移出

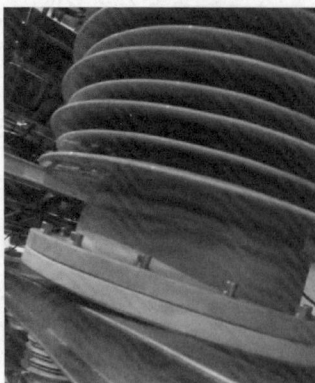

图 4-14　层间供能变压器恢复

4）层间供能变压器恢复。层间供能变压器恢复是移出的反过程，其所采用的工装工具、安装方式与之前相同。同样由于层间供能变压器较重，难于对孔，恢复时需安装定位螺杆。恢复时为扳动手扳葫芦，拉紧 4m 吊绳，使层间供能变压器向开关阀塔内部移动。与此同时缓慢放下行吊，使移入过程中层间供能变压器保持平衡，直至层间供能变压器稳定放置于横梁上，如图 4-14 所示。调整位置使螺纹孔与横梁安装孔吻合。安装底部连接螺钉并紧固，恢复接线。拆除吊绳、手扳葫芦等工具，层间供能变压器恢复完成。

（2）耗能支路侧层间供能变压器检修。

1）将层间供能器件两端接线拆除，如图 4-15 所示。同时将上部屏蔽罩拆除，安装吊具。

图 4-15　信号线拆除

2）确定检修路径。由于层间供能变压器在耗能支路外侧，与开关塔之间有一定距离，故层间供能变压器可从耗能支路与开关塔间直接移出，如图 4-16 所示。

图 4-16　层间供能变压器移出路径

3）器件吊绳安装和手扳葫芦悬挂。在器件上安装 4m 吊绳，并将吊绳悬挂于行车。在上层横梁上安装 1.5m 吊绳和手扳葫芦，手扳葫芦下面连接 1.5m 吊绳，同时层间供能变压器底部捆绑 2m 吊绳，通过卸扣与 1.5m 吊绳转接，防止层间供能变压器起吊时碰伤下面密封端子板，如图 4-17 所示。

图 4-17　吊绳安装和手扳葫芦悬挂图

4）层间供能变压器提升及移出。缓慢升起行车，等吊绳受力后，开始慢慢扳动手扳葫芦，同时行吊继续提升。当供能完全脱离底部槽钢时，可慢慢下降手扳葫芦，直到手扳葫芦不再受力，这时继续提升行车，将供能变压器移出，如图 4-18 所示。

图 4-18　层间供能变压器移出

　　5）层间供能变压器恢复。层间供能变压器恢复是移出的反过程，其所采用的工装工具、安装方式与之前相同。供能变压器底部需安装定位螺钉。具体为下降行车，同时扳动手扳葫芦，拉紧吊绳，使层间供能变压器向阀塔内部移动，直至层间供能变压器稳定放置于横梁上，如图 4-19 所示。调整位置使螺纹孔与横梁安装孔吻合。安装底部连接螺钉并紧固，恢复接线。拆除吊绳、手扳葫芦等工具，层间供能变压器恢复完成。

图 4-19　层间供能变压器恢复

4.2.2.4　避雷器检修及恢复

1. 准备工作

按照表 4-7 准备相关工装工具。

表 4-7　　　　　　　　　　避雷器检修及恢复工具

序号	名称	型号、参数	数量
1	可换头预置式扭力扳手	5～25N·m	1
2	可换头预置式扭力扳手	20～100N·m	1
3	可换头预置式扭力扳手	40～200N·m	1
4	开口头	19mm	1
5	开口头	24mm	1
6	开口扳手	19mm	2
7	开口扳手	24mm	2
8	六角旋具套筒	6mm	1
9	六角旋具套筒	5mm	1
10	6 号内六角扳手	6mm	1
11	5 号内六角扳手	5mm	1
12	卸扣	≥2t	4
13	吊绳	2t/1m	1
14	吊绳	2t/1 5m	1
15	吊绳	2t/4m	1
16	手扳葫芦	UNOplus1500	1
17	导轨连接件	7000-0295L-07	1
18	导轨板车组件	7000-0295L-08	1

续表

序号	名称	型号、参数	数量
19	成组吊具组件	7000-0295L-09	1
20	定位销	7000-0295L-15	16

2. 器件检修步骤

（1）主支路避雷器检修（单个）。

1）检修路径及方案。避雷器前侧为进出线侧，后侧有层间供能，故检修路径为旁边屏蔽罩侧，如图 4-20 所示。移出前需拆除底层角屏蔽罩。

图 4-20　移出路径

检修时采用手扳葫芦隔层吊装方式将避雷器提升并移载至绝缘横梁侧，调整器件吊绳避开上层横梁使器件充分移出至阀塔外侧，同时行车在阀塔外侧吊装接应。

2）安装手扳葫芦及相应吊具。安装避雷器吊环螺钉，通过卸扣穿入 1 根 1.5m 和 1 根 4m 吊绳，并在上层层间供能支撑横梁通过 1 根 1.5m 吊绳悬挂手扳葫芦，将器件 1.5m 吊绳挂在手扳葫芦挂钩上，如图 4-21 所示。

图 4-21　手扳葫芦及吊绳安装

3）拆除干涉部件及铜排。拆除避雷器连接铜排和安装螺钉，拆除阀塔绝缘横梁侧角屏蔽罩和斜拉杆，并将 4m 吊绳挂在行吊吊钩上，准备吊装。

提升手扳葫芦挂钩使器件向绝缘梁侧移出并担在避雷器安装板和绝缘横梁之间。调整 1.5m 吊绳由之前跨在层间供能的支撑横梁两侧改为从支撑横梁和绝缘横梁空档间与手扳葫芦挂钩连接；再次提升手扳葫芦和行吊使器件底部高出侧屏蔽罩上端面。最后逐渐释放手扳葫芦链条使器件从绝缘横梁侧移出阀塔并解除 1.5m 吊绳与挂钩连接，完成避雷器移出，如图 4-22 所示。

图 4-22　避雷器移出

4）器件恢复。避雷器恢复是移出的反过程，其所采用的工装工具、安装方式与之前相同。对孔时可先通过定位销将底板、垫片、绝缘垫等零件固定住，避雷器移载到底板上后拆除。具体为下降行车，同时扳动手扳葫芦，拉紧吊绳，使避雷器向阀塔内部移动，直至避雷器稳定放置于横梁上。调整位置使螺纹孔与横梁安装孔吻合。安装底部连接螺钉并紧固，恢复接线。拆除吊绳、手扳葫芦等工具，器件恢复完成，如图 4-23 所示。

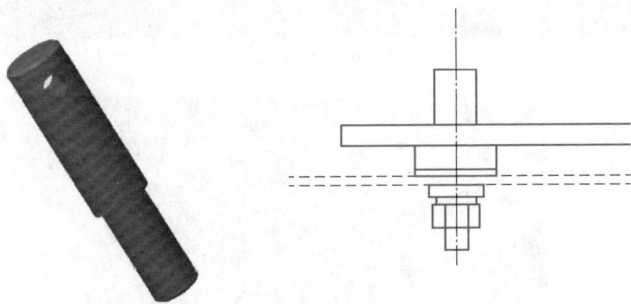

图 4-23　定位销安装

（2）耗能支路避雷器检修（成组检修）。

1）确定检修路径及方案。检修路径如图 4-24 所示。

图 4-24　检修路径

检修方案：避雷器检修时为成组检修，每四个一组，设计专用吊具并结合手扳葫芦隔层吊装的方式进行检修，通过手扳葫芦提升组件并移载至固定在上层阀层下端面的导轨组件板车上，利用导轨组件的板车完成检修单元的移出，移出过程需将组件由垂直于阀层金属梁方向调整为平行方向并避开层间支柱绝缘子及避雷器。

2）铜排管形母线等连接件拆除。在连接件拆除之前，先布置检修踏板，便于避雷器检修作业，如图 4-25 所示。随后将避雷器连接铜排、管形母线的连接件拆除，如图 4-26 所示。

图 4-25　踏板安装

图 4-26　连接铜排拆除

3）安装吊具、手扳葫芦及导轨组件。安装避雷器吊具（螺钉 M16×130），通过卸扣在吊具吊耳孔处穿入 1 根 4m 和 1 根 1m 吊绳，在吊具中间正上方隔层的避雷器支撑梁处通过 1 根 1.5m 吊绳悬挂手扳葫芦，将 1m 吊绳与手扳葫芦挂钩连接，如图 4-27 所示。

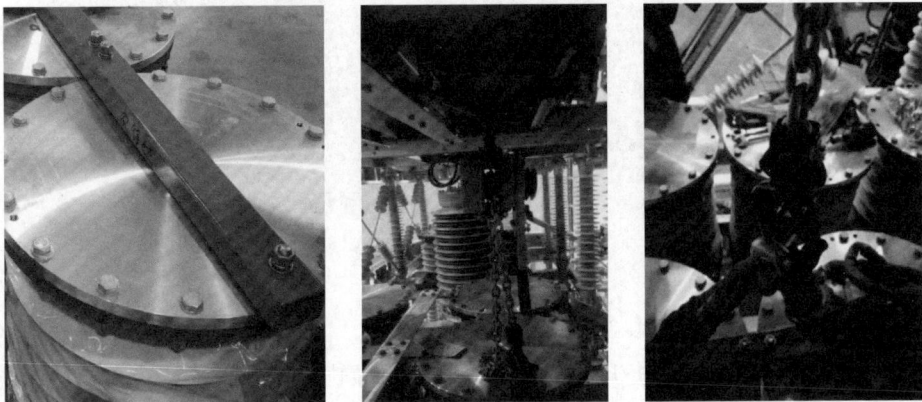

图 4-27　吊具及手扳葫芦安装

在上层框架安装导轨组件（避雷器上方），导轨组件 7000-0295L-08，螺钉 M16×60，配弹平垫螺母。导轨组件安装在吊具上方上层框架下端面并紧贴上层避雷器连接铜排外侧，如图 4-28 所示。

图 4-28　导轨组件安装

完成吊具及导轨安装后可拆除避雷器底部安装的螺栓，检修过程器底板不随器件移出，拆除过程注意防护底板与避雷器支撑横梁间平垫片与绝缘垫块，防止其散落。取出安装螺栓后销入加强角钢进行加强，螺钉 M16×80，如图 4-29 所示。

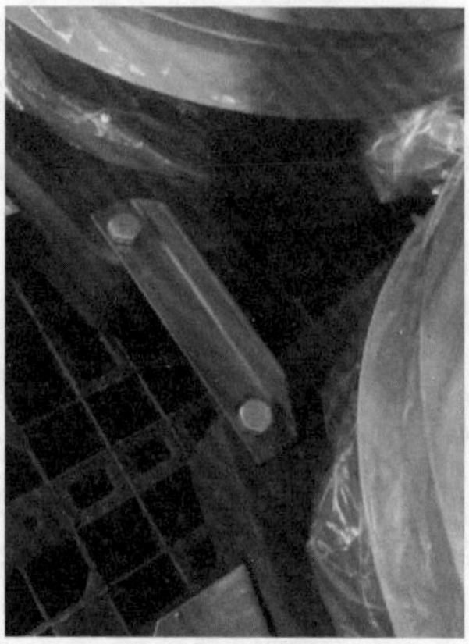

图 4-29　加强角钢安装

4）避雷器起吊。提升避雷器检修吊装单元，同时在手扳葫芦挂钩连接的
1m 吊绳加装卸扣，继续提升使卸扣销轴可以与导轨组件板车吊孔对接，这时再
缓慢降下挂钩，改由导轨板车悬挂检修吊装单元。

检修吊装单元连同导轨板车可沿导轨方向移动并绕卸扣旋转，当板车移至
外侧金属梁下方时，将与吊具连接的 4m 吊绳从导轨组件的单元移出方向侧与行
车挂钩连接。缓慢旋转并调整检修吊装单元使其由垂直于框架金属梁方向调整
至平行于框架金属梁方向，在此过程同时还需完成由导轨板车悬挂到行车吊装
的转换，缓慢移动避雷器直至移出，如图 4-30 所示。

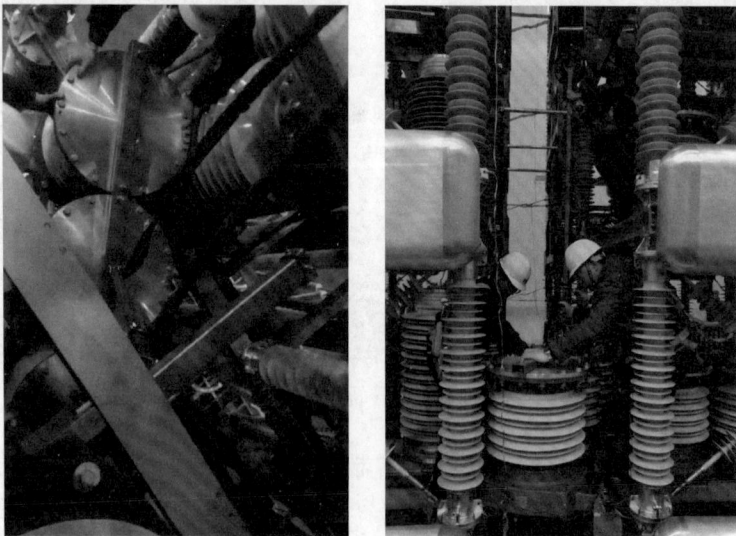

图 4-30　避雷器起吊

5）器件恢复。避雷器恢复是移出的反过程，其所采用的工装工具、安装方式与之前相同。难点在于避雷器成组恢复时底部安装螺钉对孔，主要是因为安装螺栓及绝缘套管与器件底板、绝缘垫块、金属平垫和安装槽钢的多重对孔，此处建议设计导向销轴将底板、绝缘垫块及大平垫固定在支撑槽钢的安装孔，对孔后再拆除。

4.2.2.5　主供能变压器检修及恢复

1. 准备工作

按照表 4-8 准备相关工装工具。

表 4-8　　　　　　　　　　主供能变压器检修及恢复工具

序号	名称	型号、参数	数量
1	可换头预置式扭力扳手	5～25N·m	1
2	可换头预置式扭力扳手	60～300N·m	1
3	开口头	30mm	1
4	开口扳手	30mm	2
5	开口扳手	24mm	2
6	六角旋具套筒	6mm	1
7	六角旋具套筒	5mm	1
8	6 号内六角扳手	6mm	1
9	5 号内六角扳手	5mm	1
10	液压车	≥5t	1
11	卸扣	≥2t	2
12	吊绳	4t/6m	2
13	吊环螺钉	M16×100	2
14	检修支撑板	7000-0295L-12	2

2. 器件检修步骤

（1）确定检修方案。由于主供能变压器下部有检修底座，检修时可直接通过液压车提升主供能变压器，顶部利用行车吊绳固定，防止移动时倾倒，缓慢拉动液压车直到主供能变压器全部移出，如图 4-31 示。

图 4-31　主供能变压器检修底座

图 4-32　主供能变压器移出

（2）器件检修。拆除顶部信号线，安装产品吊具（自带），通过行车、吊绳、卸扣把主供能变压器固定防止倾倒，随后拆卸底部固定螺钉，将液压车推入底座工装的检修空间，要求供能变压器主体位于前轮和后挡板之间，以确保顶升过程平稳，操作液压车手柄将器件底面缓慢顶升至距离底座 2～3mm 处，将器件匀速缓慢牵引出底座安装面，确保牵引过程器件平稳移动，如图 4-32 所示。

（3）器件恢复。器件恢复时所用工具与之前一致，其难度主要在于主供能变压器底部对孔，故设计相应对孔工装，便于主供能变压器对孔。具体方案为：主供能变压器起吊后先在底部安装检修工装，通过检修工装保证主供能变压器在液压车上的限位，如图 4-33 所示。

图 4-33　主供能变压器恢复工装安装

将液压车缓慢推入阀塔内，由于工装两侧是与检修底座限位的，故推的时候要注意方向，主供能变压器推到位后，可先利用螺钉将主供能变压器与检修底座安装孔定位，然后抽出检修支撑板，下放液压车，安装其余螺钉及信号线连接，恢复完成，如图 4-34 所示。

图 4-34　定位螺钉安装

4.2.2.6　IGBT 更换步骤

1. 准备工作

人员需求：至少 4 人（具备登高资质），其中器件拆装 1 人，硅堆加压千斤顶及撑开器加压各需 1 人，剪叉式登高车及行车操作 1 人。

阀厅需求：检修前必须确保阀厅及阀塔处于断电待检修状态。

检修前应检查确保所有检修工具准备齐全，检修设备满足使用要求。所有接触 IGBT 的操作均应佩戴防静电手套。按照表 4-9 准备相关工装工具。

表 4-9　　　　　　　　　　　　检 修 所 需 工 具

序号	名称	数量	型号、参数	备注
1	IGBT 拉紧带	1 根	宽 10mm，长 1.5m	
2	移液器	1 个	—	精度 0.005mL
3	硅堆加压工具	1 套	ABTL-RJ2004	
4	IGBT 撑开器定位工装	1 套	7000-653-5	
5	IGBT 检修工具	1 套	ABTL-RJ2005	
6	硅堆加压工装	1 套	7000-569	
7	检修踏板	1 套		
8	定制扳手	1 个	7000-781	
9	开口扳手	1 个	19 号	
10	内六角扳手	1 把	10 号	
11	十字螺钉旋具	1 把	—	
12	内六角扳手	1 把	5 号，6 号	

按照表 4-10 准备相关材料。

表 4-10　　　　　　　　　　　　更 换 所 需 辅 料

序号	名称	数量	用途	备注
1	99.7％无水乙醇	1 瓶	零件清洁	
2	无毛擦拭纸	1 盒	零件清洁	
3	砂纸	若干	打磨散热器表面	600#
4	防静电手套	1 副/人	接触 IGBT 时佩戴	
5	防静电手环	1 个/人	接触 IGBT 时佩戴	
6	保护膜	1 卷	覆盖需检修阀层卜层组件	
7	气泡袋	1 个	放置拆下的配件	
8	硅油	1 瓶	IGBT 表面滴硅油涂覆	
9	棉签	1 袋	硅油涂覆	

2. 更换步骤

检修准备工作包括：人员登高和检修踏板平台安装、拆除器件检修干涉零部件、组装 IGBT 检修撑开器以及安装硅堆加压卸压专用工装。

（1）检修准备。检修员驾驶登高车起升至适当高度（便于操作），根据实际需要，在主支路、转移支路前后子单元之间安装检修踏板，并根据需要选择检修踏板或电容顶部作为踩踏点及液压泵放置点，如图 4-35 所示。

图 4-35　检修踏板架设

（2）加压千斤顶拼装。如图 4-36 所示，依次接装液压泵、压力表、高压油管及 RSM-200 千斤顶。

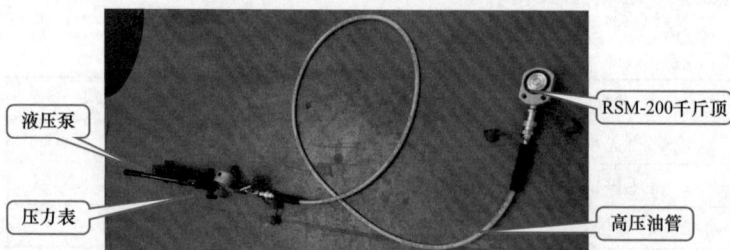

图 4-36　加压千斤顶拼装图

（3）IGBT 检修撑开器拼装。如图 4-37 所示，依次接装液压泵、压力表、高压油管及 IGBT 撑开器。用 5 号内六角扳手将 IGBT 撑开器定位块安装至两根金属油管上，注意定位块的安装方向及位置，在定位块与绝缘拉杆的接触面上粘贴软木橡胶垫。

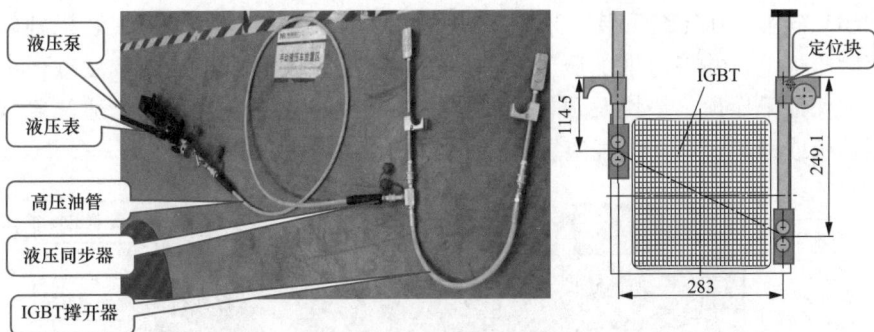

图 4-37　IGBT 撑开器拼装图

（4）干涉器件拆除。拆下待检修 IGBT 的适配器的连接同轴跳线，用十字螺钉旋具拆卸适配器，放入气包袋进行防护。接着用螺钉旋具将干涉驱动板的固定螺钉拆除，并将驱动板向两侧转动一定角度，避免其与撑开器定位块干涉，此过程注意防止碰坏 IGBT 端子，如图 4-38 所示。

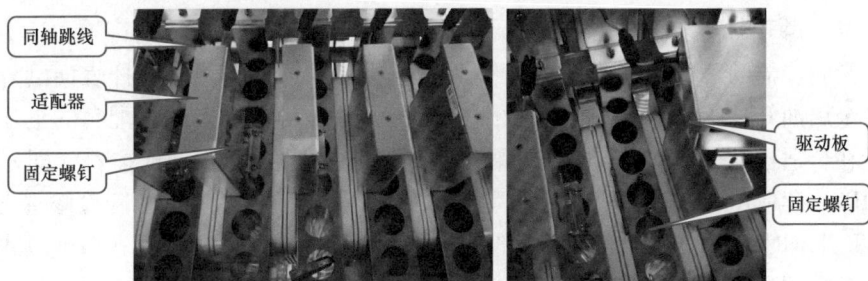

图 4-38　干涉器件拆除

（5）锁紧带安装。在需要更换的 IGBT 下方穿过 IGBT 拉紧带：一名检修在上方将收紧带两端从 IGBT 两侧穿下，另一名检修员在下方将拉紧带打结，如图 4-39 所示。

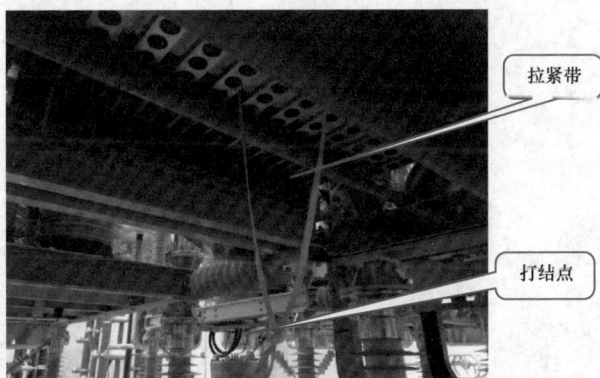

图 4-39　拉紧带安装图

（6）硅堆加压工装安装。采用 10 号内六角扳手将硅堆加压工装装配到硅堆碟簧侧压板上，并将硅堆加压千斤顶及垫块从上方安装至工装内，注意顶头方向，需保证千斤顶、垫块及顶杆同轴度，将配套的液压泵放置在合适位置（电容器盖板或踏板上，并用气泡袋防护），如图 4-40 所示。

硅堆碟簧

RSM-200
千斤顶

定位工装

软木橡胶垫

垫块

图 4-40　硅堆压装工装及千斤顶装配图

（7）撑开器安装。一名检修员将撑开器的两个千斤顶安装到待换 IGBT 两侧，无同步器的一端靠近光缆槽，保证撑开器定位组件与绝缘拉杆表面刚好接触且金属油管处于竖直状态，注意油管走向。另一名检修人员将配套的液压泵放置在合适位置（电容器盖板或踏板上），对撑开器缓慢加压至 2t（即示数 12MPa，读取压力表外圈读数，即黑色圈），如图 4-41 所示。注意若检修主支路 IGBT 硅堆时，可以旋转千斤顶上部的活接头，避免千斤顶顶头顶在散热器水道上，千斤顶顶头方向应该对称朝内，如图 4-42 所示的箭头方向。

注：首次使用撑开器时需要进行排气，排气方案参照产品说明书。

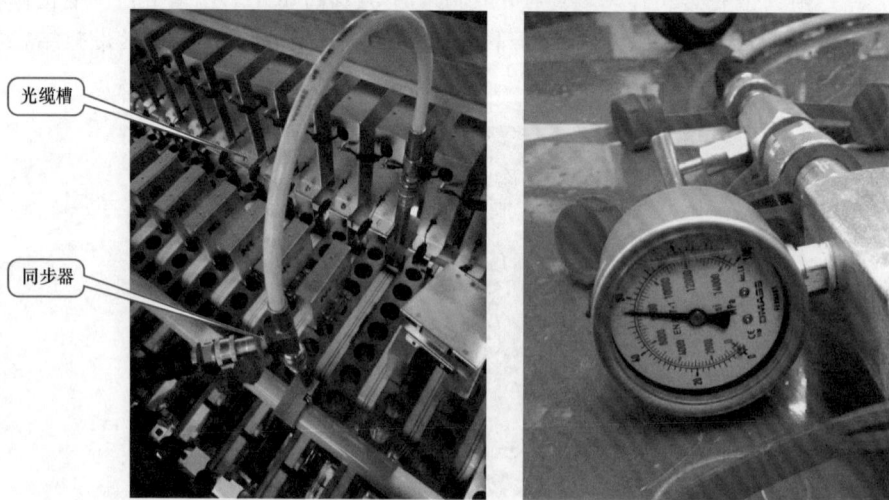

光缆槽

同步器

图 4-41　检修撑开器安装图

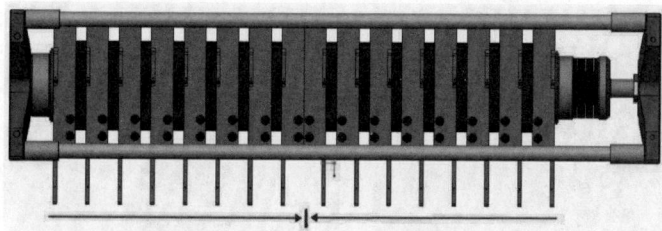

图 4-42　撑开器顶头朝向示意

（8）硅堆泄压。打开节流阀，锁紧泄压阀，用硅堆加压千斤顶将硅堆压力负载加压至 12t（即压力表示数 120kN，或读取 43MPa），用定制扳手松开顶杆螺母至一定距离（为便于松开螺母可适当增大千斤顶压力，但最大不能超过130kN，如仍难以拧动则需观察千斤顶与顶杆是否对中），接着调节泄压旋钮，将硅堆缓慢泄压 8t（即压力表示数 80kN，或读取 28.5MPa）。

注：首次使用加压千斤顶时需要进行排气，排气方案参照产品说明书。

（9）IGBT 撑开取出。将 IGBT 检修撑开器加压至为 8t（即示数 48MPa，可适当增大），确保撑开宽度达 3.5mm 以上，即保证 IGBT 两侧无压力。接着用锁紧带将 IGBT 向正上方缓慢拉出，若提拉过程困难，可沿接触面小幅度晃动后拉出，如图 4-43 所示。

图 4-43　IGBT 撑开取出图

（10）散热器表面清洁。用无毛擦拭纸喷酒精清洁散热器表面，如散热器与IGBT 接触面出现腐蚀（在运行多年的设备上可能出现），必须小心地将 IGBT从散热器上分离。当分开这两部分时，IGBT 镀层可能会堆积在散热器上，必须去掉这些堆积物才能安装新的 IGBT。

（11）IGBT 硅油涂覆。用无毛擦拭纸喷酒精清洁 IGBT 表面后，用棉签在IGBT 表面均匀涂覆硅油，大平面涂覆 0.18mL（即移液器转动 36 个刻度，约18 滴），每个小平面涂覆 0.015mL（约 1 滴），如图 4-44 所示。

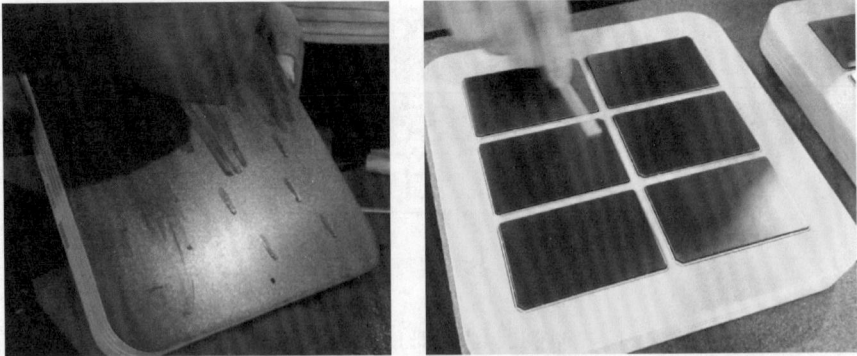

图 4-44　新 IGBT 硅油涂覆

（12）新 IGBT 安装。将处理完的新 IGBT 放入安装位置，轻轻下压至 IGBT 刚好与底部限位螺柱接触，记录更换的 IGBT 编号并进行替换登记，此过程需避免触碰 IGBT 的端子，如图 4-45 所示。

注：根据备品附表选择合适的备用 IGBT，记录更换的 IGBT 编号并进行替换登记。

图 4-45　新 IGBT 安装

（13）撑开器拆除。缓慢旋开节流阀使撑开器的压力缓慢下降止零，接着旋紧节流阀，并从正上方将撑开器缓慢取出，注意不要划伤器件。

（14）硅堆加压。使用加压千斤顶对硅堆加压至 12t（即示数为 120kN）后，保压 2min（注意此过程中需不时观察压力表示数，确保压力没有减小），随后用定制扳手紧固锁紧螺母，保证锁紧螺母完全旋紧。

（15）加压工具拆除。调节节流阀使硅堆加压千斤顶缓慢卸压至零，锁紧节流阀后取出，并将硅堆加压工装拆卸。最后将驱动板恢复至原位，将适配器恢复到阀塔并插上同轴跳线，将检修踏板及其工装拆除，如图 4-46 所示。

图 4-46　干涉器件恢复

3. 器件检查

（1）检查硅堆加压压力值正确。

（2）检查适配器与 IGBT 门极连接牢固，且 IGBT 门极不受力。

（3）检查适配器连接的同轴跳线安装到位，不松动。

（4）检查确保阀层内无螺钉或工具遗漏。

4.2.2.7　二极管更换步骤

1. 准备工作

人员需求：至少 4 人（具备登高资质），其中器件拆装 1 人，硅堆加压千斤顶及撑开器加压各需 1 人，剪叉式登高车及行车操作 1 人。

阀厅需求：检修前必须确认阀厅及阀塔处于断电待检修状态，检修前应检查确保所有检修工具准备齐全，检修设备满足使用要求。所有接触二极管的操作均应佩戴防静电手套。

按照表 4-11 准备相关工装工具。

表 4-11　　　　　　　检 修 所 需 工 具

序号	名称	数量	型号、参数	备注
1	二极管拉紧带	1 个	宽 10mm，长 1m	
2	移液器	1 个	—	精度 0.005mL
3	硅堆加压工具	1 套	ABTL-RJ2004	
4	硅堆加压工装	1 套	7000-569	
5	二极管硅堆检修工具	1 套	ABTL-RJ2006	
6	二极管硅堆撑开器定位工装	1 套	7000-653-6	
7	定制扳手	1 个	7000-781	
8	可换头预置式力矩扳手	1 把	20～100N·m	
9	内六角套筒头	1 把	10 号	
10	内六角扳手	1 个	5 号、10 号	
11	卷尺	1 把	5m	
12	定制扳手	1 把	7000-653-10	

续表

序号	名称	数量	型号、参数	备注
13	剪叉式登高车	1部	—	
14	检修踏板	1套	—	

按照表4-12准备相关材料。

表4-12 更 换 所 需 辅 料

序号	名称	数量	用途	备注
1	99.7%无水乙醇	1瓶	零件清洁	
2	无毛擦拭纸	1盒	零件清洁	
3	砂纸	若干	打磨散热器表面	600#
4	防静电手套	1副/人	接触二极管时佩戴	
5	防静电手环	1个/人	接触二极管时佩戴	
6	保护膜	1卷	覆盖需检修阀层下层组件	
7	硅油	1瓶	二极管表面滴硅油涂覆	
8	棉签	1袋	硅油涂覆	

2. 更换步骤

检修准备工作包括：人员登高和检修踏板平台安装、拆除器件检修干涉零部件和安装硅堆加压卸压专用工装。

（1）检修踏板安装。操作员驾驶登高车起升至适当高度（便于操作），根据检修情况，在前后子单元之间利用绝缘子拉耳孔架设检修踏板，并根据需要选择检修踏板、电容顶部、登高车作为踩踏点及液压泵放置点，如图4-35所示。

（2）加压千斤顶拼装。如图4-36所示，依次接装液压泵、压力表、高压油管及千斤顶。

（3）二极管检修撑开器拼装。参照图4-47，依次接装液压泵、压力表、高压油管及二极管撑开器。用5号内六角扳手将二极管撑开器定位块安装至两根金属油管上，注意定位块的安装方向及位置，在定位块与绝缘拉杆的接触面上粘贴软木橡胶垫。

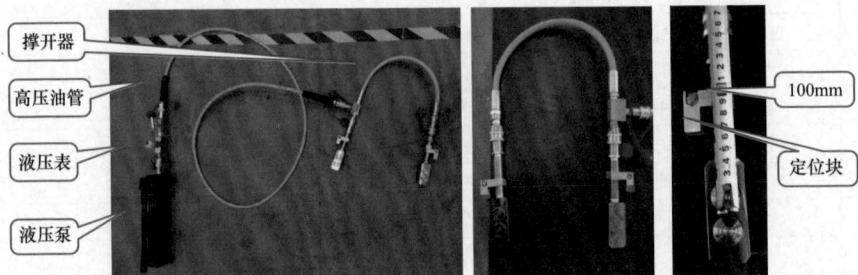

撑开器
高压油管
液压表
液压泵
100mm
定位块

图 4-47 二极管撑开器拼装图

（4）干涉结构拆除。采用定制工具将带检修二极管上方的定位螺钉拆除，根据定位销所处的位置自由选择工具两端使用，并用 10 号内六角将硅堆端部屏蔽环拆除，如图 4-48 所示。

图 4-48　二极管定位螺钉拆除

（5）拉紧带安装。在待更换二极管下方穿过拉紧带，并将拉紧带两端打结，放置于硅堆上方，注意收紧带需穿过底部 RC 组件。

（6）二极管硅堆检修撑开器装配。一名检修员将撑开器从正方上置入二极管两侧（注意如硅堆上方有管形母线，则撑开器需从上方跨过管形母线），保证定位块两定位面与两侧绝缘拉杆贴合。另一名检修员将配套的液压泵放置在合适位置（登高车上或阀塔上），并对撑开器缓慢加压至 4t（即示数为 36MPa，读取压力表外圈读数，即黑色圈），如图 4-49 所示。

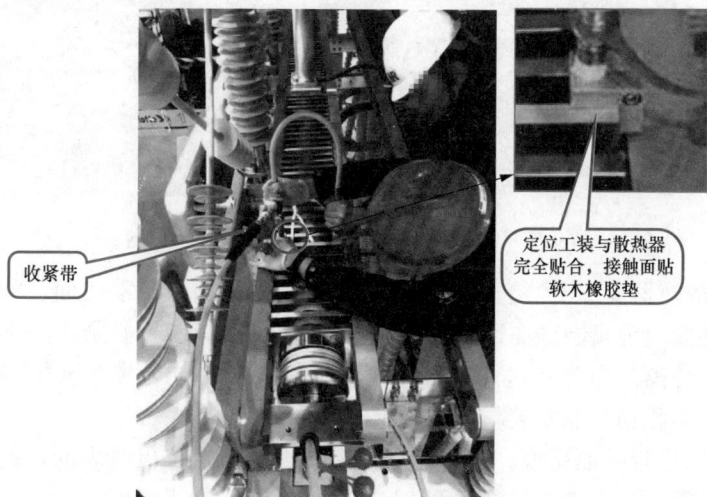

收紧带

定位工装与散热器
完全贴合，接触面贴
软木橡胶垫

图 4-49　二极管硅堆撑开器安装

注：单顶换算关系为出力（kN）＝0.0084×压力（MPa），顶头压力与液压压强的换算表参见产品说明书。

（7）硅堆加压工装安装。将硅堆加压工装安装至待检修硅堆碟簧侧，将加压千斤顶及垫块从正上方安装至工装内，需保证千斤顶、垫块及顶杆的同轴度，如图 4-40 所示。

（8）硅堆卸压。将硅堆加压千斤顶缓慢加压至 7.5t（即示数为 75kN，27MPa），用定制扳手松开顶杆螺母一段距离（为便于松开螺母可适当增大千斤顶压力，但不可超过 80kN）。接着调节千斤顶卸压旋钮，将硅堆缓慢卸压至 5t（即示数为 50kN，18MPa），如图 4-50 所示。

注：首次使用加压千斤顶时需要进行排气，排气方案参照产品说明书。

（9）硅堆撑开。将撑开器千斤顶缓慢加压至 5t（即示数 45MPa，可适当增大），此时保证二极管两侧无压力，且提升收紧带处于受力状态，注意避免收紧带挂住定位螺钉。利用收紧带将二极管从正上方缓慢拉出，若提拉过程困难，可沿接触面小幅度晃动后拉出，如图 4-51 所示。

定制扳手

图 4-50　松动锁紧螺母　　　　　　　图 4-51　二极管拉出

（10）散热器表面清洁。用无毛擦拭纸喷酒精清洁散热器表面，如散热器与二极管接触面出现腐蚀（在运行多年的设备上可能出现），必须小心地将二极管从散热器上分离。当分开这两部分时，二极管镀层可能会堆积在散热器上，必须去掉这些堆积物才能安装新的二极管。

（11）二极管硅油涂覆。用无毛擦拭纸喷酒精清洁二极管表面，并用不吸油棉签在二极管两极表面均匀涂覆 0.01mL 硅油，如图 4-52 所示。

（12）新二极管安装。将处理完成的新二极管从正发上方缓慢放入安装位置，缓慢下压二极管保证其与各限位螺钉刚好接触，如图 4-53 所示。

注：根据备品附表选择合适的备用二极管，记录更换的二极管编号并进行替换登记。

图 4-52　二极管硅油涂覆

图 4-53　新二极管恢复

（13）撑开器拆除。调节节流阀将撑开器缓慢泄压至零。接着，旋紧节流阀及截止阀，从正上方将撑开器缓慢取出，如果取出困难，可沿硅堆轴向前后轻微晃动撑开器。

（14）硅堆加压。使用硅堆加压千斤顶对硅堆加压至 7.5t（即示数为 75kN，27MPa），保压 2min，随后用定制扳手紧固锁紧螺母。

注：拆开器拆除及加压工序可以交替进行，确保过程平稳。

（15）加压工具拆除。调节节流阀将硅堆加压千斤顶分缓慢卸压至零，锁紧节流阀及截止阀后取出，并将硅堆加压工装拆卸。最后将硅堆屏蔽罩恢复至阀段，并打力矩 80N·m，画双紧固线。将检修踏板及其工装拆除。

3. 检查

（1）检查硅堆加压压力值正确。

（2）检查硅堆加压及撑开千斤顶节流阀及截止阀已锁紧，并存储好。

（3）检查确保阀层内无螺钉或工具遗漏。

4.3　耦合负压式高压直流断路器检修

4.3.1　检修前期准备

4.3.1.1　预防措施

定期检修维护需要做到以下几点：

（1）通过查看二次监控设备，判断断路器是否存在异常。

（2）定期巡视断路器周围，查看是否存在异响，各设备外观是否存在异常。

（3）定期检查地面上是否有掉落螺栓或其他物体。

（4）定期检查断路器外表面是否有明显的不正常变色情况发生。

（5）用红外成像仪定期检查整体断路器是否有过热点产生（防止有电场中存在悬浮金属）。

（6）检修时对断路器内部各塔各层进行除尘并检查是否存在异物。

（7）检修时检查避雷器和绝缘子伞面是否有裂纹、破损，有无损坏，并清洗和擦拭绝缘子伞面（用稀释的丙酮溶液或无水乙醇）。

（8）检修时检查断路器整体螺栓是否有松动，连接导线排接触电阻是否在要求范围内。

（9）检修时检查地线接触是否良好。

（10）检修时检查断路器各光纤、电缆和接线排有无松动（可手动试探）。

（11）检修时对耦合负压电抗器内部各风道进行除尘并检查是否存在异物。

（12）检修时检查耦合负压电抗器线圈上下出线头有无松动（可手动试探）。

（13）检修时检查光纤、电缆表面表皮是否存在异常及变色，连接是否松动。

（14）检修时检查表面喷涂 PRTV 防污闪涂料的器件憎水性是否可靠，如出现 PRTV 局部脱落可重新喷涂相同色标的 PRTV。

（15）如有以上情况发生，请及时维护处理或与厂家取得联系。

4.3.1.2　常规准备

（1）检修前应收集断路器的下列资料，对设备的安装情况、运行情况、故障情况、缺陷情况及断路器出厂的试验检测等方面进行详细、全面的调查分析，判定断路器的综合情况，做好检修方案的制订：

1）设备说明书。

2）设备图纸。

3）设备安装记录。

4）设备运行记录。

5）设备故障记录。

6）缺陷情况记录。

7）检测、试验记录。

8）其他资料。

（2）检修人员必须了解熟悉断路器的结构、动作原理及操作方法。然后通过对设备资料的分析、评估，制订断路器的具体检修方案。准备必要的检修工器具、实验仪器、备件及材料等。确保大厅内施工电源和照明措施等环境条件，保证有足够的场地摆放器具、设备和已拆部件。

（3）开始按照检修方案停电检修，检修或更换存在问题的设备，并对断路器其他部分进行检查，具体内容除带电维护的各条目外，还应近距离观察断路器各器件的外观情况，并按需要对器件进行试验。

（4）检修完成后，投运前应做好以下工作：

1）对所有紧固件进行紧固。

2）接好断路器的所有导电排、电缆、光纤。

3）对金属器件表面除锈，喷漆。

4）清理现场，清点工具。

5）安全检查。

4.3.2　主要元器件更换

4.3.2.1　机械开关塔检修

当机械开关塔上的器件发生故障时，需要对器件进行更换检修。更换步骤及注意事项如下：

（1）维修人员需仔细阅读说明书，明确设备的重量，以及与接线排、电缆和光纤等连接情况。

（2）维护人员携带力矩扳手、防静电手套等工具进入升降车工作平台，系好安全带，按动操作按钮将平台上升到指定的作业高度。工作人员进入机械开关塔内时应尽量避免对绝缘子、屏蔽罩、光纤槽、电缆槽等相关设备进行踩踏。

（3）将问题设备与其他设备之间的螺栓、光纤、电缆和导电排拆除。拆除过程中不允许有螺栓、平垫、弹垫掉下。同时，拆除移动光纤电缆和导电排时，注意对光纤、电缆和其他器件进行保护。

（4）与地面操作吊车的人员进行沟通，将需要更换的设备用对应重量的起吊缆绳紧固后，从左右两机械开关塔中间的空隙，吊出断路器。注意过程中一定要将问题设备的所有连接断开，并且防止起吊设备时与其他物体之间的磕碰。

（5）维修人员使用同样的方法，将备用设备安装到机械开关塔内。

（6）将所有连接安装好后，离开机械开关塔。注意检查所有光纤和电缆及导电排是否已经连接好，螺栓是否已经按要求紧固完成，离开时不要将维修工具和其他杂物遗留在塔上。

4.3.2.2　IEGT 检修维护

当阀段上的 IEGT 发生故障时，需要对 IEGT 器件进行更换检修，IEGT 位置如图 4-54 所示。

更换步骤及注意事项如下：

图 4-54　IEGT 位置示意图

（1）首先确认故障阀段及 IEGT 位置，记录相应的阀段及 IEGT 序号。

（2）维护人员携带检修平台、力矩扳手、防静电手套等工具进入升降车工作平台，系好安全带，按动操作按钮将平台上升到指定的作业高度。工作人员进入阀塔内时应尽量避免对绝缘子、屏蔽罩、光纤槽、电缆槽等相关设备进行踩踏。

（3）拆卸 IEGT 前，应先将该 IEGT 单元所对应的驱动单元拆除（如图 4-55 所示）。首先记录光纤与驱动、驱动与 IEGT 引出线相连接的位置，特别注意其中一个 IEGT 的引出线是穿过驱动电源固定板中心孔后与驱动相连接的，记录该 IEGT 位置及其引出线的穿孔方向，后期 IEGT 单元更换完成后需按照此方向穿孔连接驱动。驱动拆除过程中要注意对光纤头进行保护。

（4）拆除被更换 IEGT 单元与对应二极管单元相连接的铜排。拆除过程中不允许有螺栓、平垫、弹垫掉下。

（5）记录 IEGT 阀串导套露出固定板的长度并用记号笔在导套上划线标记，由于 IEGT 阀串压装时有（60±6）kN 的压力，进行更换时，首先使用力矩扳手松动 IEGT 阀串顶栓，直至压装阀串 IEGT 单元两侧松动为止（顶栓与圆锥板不可分离）。IEGT 阀串顶栓、导套位置如图 4-56 所示。

图 4-55　IEGT 单元所对应的驱动单元示意图　　图 4-56　IEGT 阀串顶栓、导套位置示意图

（6）将 IEGT 单元整体取出（包含 2 个 IEGT、3 片散热器、6 个定位销），拆除连接 IEGT 单元两侧散热器的铜排，取出故障 IEGT。用无毛纸蘸取酒精擦拭散热器及全新 IEGT 两面，装配 IEGT 单元，将该 IEGT 单元按照拆卸前方向整体放入阀串内，对 IEGT 阀串进行对正，最后使用力矩扳手紧固 IEGT 阀串顶栓，直至步骤（4）中导套划线位置与固定板平齐。

（7）安装 IEGT 单元与二极管单元相散热器相连接铜排，即步骤（4）中所拆卸铜排。

（8）恢复 IEGT 驱动单元。首先按照步骤（3）中记录将 IEGT 引出线与驱动连接，固定驱动装置，然后恢复光纤，最后将 IEGT 短接铜排拆除，完成更换。

4.3.2.3　二极管阀串检修维护

当阀段上的二极管发生故障时，需要对二极管器件进行更换维护。二极管位置如图 4-57 所示。

更换步骤及注意事项如下：

（1）首先确认故障阀段及二极管位置，记录相应的阀段及二极管序号。

图 4-57　二极管位置示意图

（2）维护人员携带力矩扳手、防静电手套等工具进入升降车工作平台，系好安全带，按动操作按钮将平台上升到指定的作业高度。工作人员进入阀塔内时应尽量避免对绝缘子、屏蔽罩、光纤槽、电缆槽等相关设备进行踩踏。

（3）拆卸二极管前，应首先将二极管阀串上方光纤槽或电缆槽进行拆卸，拆卸过程中应对槽内光纤或电缆进行保护，光纤槽或电缆槽拆卸后将光纤或电缆向 IEGT 阀串侧放置，移动过程中注意对光纤、电缆的保护。

（4）拆除被更换二极管单元与对应 IEGT 单元相连接的铜排。拆除过程中不允许有螺栓、平垫、弹垫掉下。

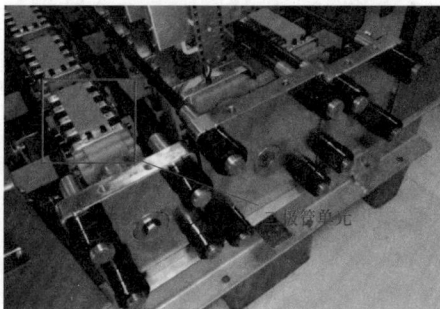

图 4-58　二极管阀串顶栓、导套位置示意图

（5）记录二极管阀串导套露出固定板的长度并用记号笔在导套上划线标记，由于二极管阀串压装时有 24～60kN 的压装力，所以维护时，首先使用力矩扳手松动二极管阀串的顶栓，直至压装阀串二极管两侧松动为止（顶栓与圆锥板不可分离）。二极管阀串顶栓、导套位置如图 4-58 所示。

（6）将故障二极管单元整体取出（包含 4 个二极管、5 片散热器、10 个定位销），拆除连接二极管单元散热器的铜排，取出故障二极管。用无毛纸蘸取酒精擦拭散热器及全新二极管两面，装配二极管单元，将该二极管单元按照拆卸前方向整体放入阀串内，对二极管阀串进行对正，最后使用力矩扳手紧固 IEGT 阀串顶栓，直至步骤（5）中导套划线位置与固定板平齐。

（7）安装 IEGT 单元与二极管单元相散热器相连接铜排，即步骤（4）中所拆卸铜排。

（8）恢复二极管阀串上方光纤槽或电缆槽，恢复过程中注意对光纤或电缆进行保护，完成更换。

4.3.2.4 耦合负压装置检修维护

当耦合负压装置的器件发生故障时，需要对器件进行更换维护。更换步骤及注意事项如下：

（1）维修人员需仔细阅读说明书，明确设备的重量，以及电缆和光纤等连接情况。

（2）维护人员携带力矩扳手、防静电手套等工具进入升降车工作平台，系好安全带，按动操作按钮将平台上升到指定的作业高度。工作人员进入过渡层内时应尽量避免对绝缘子、屏蔽罩、光纤槽、电缆槽等相关设备进行踩踏。

（3）将问题设备与其他设备之间的螺栓、光纤和电缆拆除。拆除过程中不允许有螺栓、平垫、弹垫掉下。同时，拆除移动光纤电缆时，注意对光纤、电缆和其他器件进行保护。

（4）与地面操作吊车的人员进行沟通，将需要更换的设备用对应重量的起吊缆绳紧固后，从断路器侧面吊出断路器。注意过程中一定要将问题设备的所有连接断开，并且防止起吊设备时与其他物体之间的磕碰。如果断路器侧面的屏蔽罩对拆卸存在阻碍，可将屏蔽罩一同拆除，检修完成后再安装回原位置。

（5）维修人员使用同样的方法，将备用设备安装到耦合负压装置处。

（6）将所有连接安装好后，离开过渡层。注意检查所有光纤和电缆是否已经连接好，螺栓是否已经按要求紧固完成，离开时不要将维修工具和其他杂物遗留在塔上。

4.3.2.5 MOV检修维护

1. MOV检修维护步骤

（1）拆除需更换避雷器所在位置的屏蔽环。

（2）拆除需更换避雷器所在位置屏蔽环支座板，避免在更换避雷器过程中损坏支座板。

（3）拆除支架交叉绝缘拉筋。

（4）拆除避雷器连接导电排，便于更换避雷器。

（5）将拆卸避雷器工装固定在绝缘子支架横担上，利用拆卸避雷器工装滑板撑起避雷器，拖着避雷器滑出避雷器支撑架。然后用吊车吊起需更换的避雷器，放到地面，完成避雷器拆卸。

（6）将新的避雷器用吊车吊起，放到拆卸避雷器工装滑车上，固定避雷器，用花车将避雷器运到避雷器安装位上，固定避雷器。拆除工装装滑车。

（7）恢复避雷器连接导电排，恢复安装支架交叉绝缘拉筋，恢复安装电晕环支座，恢复安装避雷器所在位置的屏蔽环，完成避雷器更换作业。

2. 避雷器拆卸工装滑车结构

避雷器拆卸滑车结构由固定槽钢导轨和滑动小车组成，滑动小车上端安装 4 根 M16×1200 可调丝杠，上端固定一个由 10 号槽钢焊接的工字形平板，安装在 4 根可调丝杠上端，将 10 号槽钢焊接的工字型平板固定在避雷器上法兰上，用 4 根可调丝杠顶起避雷器（避雷器净重约 600kg），用滑动小车将避雷器推出主体框架外侧，再用吊车将避雷器和滑动小车一起取下，将更换新的避雷器固定在滑动小车上，用吊车将小车和更换的避雷器安放在槽钢导轨上，将滑动小车和避雷器一起推到避雷器安装位，松下 4 根可调丝杠螺栓，安装避雷器，然后将滑动小车移出，拆下工装滑动小车和槽钢导轨。

3. 工装滑车安装使用方法

避雷器位置平面图如图 4-59 所示。

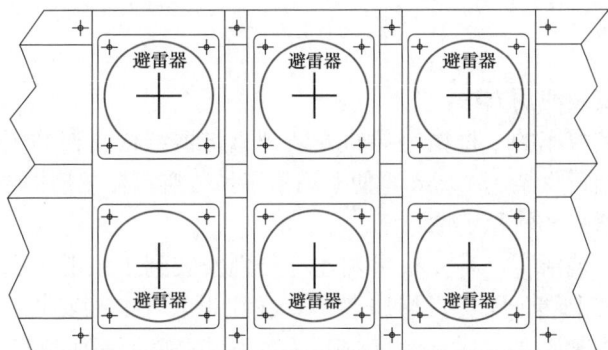

图 4-59　避雷器位置平面图

避雷器和框架结构图如图 4-60 所示。

滑车导轨安装孔

图 4-60　避雷器和框架结构

131

工装滑车结构图如图 4-61 所示。

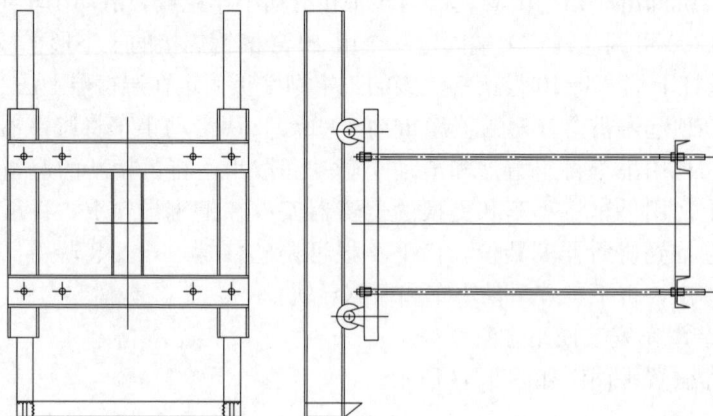

图 4-61　工装滑车结构图

工装滑车安装使用方法：

（1）将工装滑车的 2 根槽钢导轨安装到避雷器结构支架的预留滑道安装孔上，导轨探出结构支架 1500mm，便于用吊车吊装避雷器。槽钢导轨端头用横担槽钢固定，可增强导轨稳定性。

（2）组装工装滑车，将 4 根可调丝杠分别安装到工装滑车底部，用螺母紧固，将 4 根丝杠上端分别安装 M16 螺母，在 4 根丝杠上端安装工字形平板，工字形平板上端再紧固 M16 螺母，工字形平板安装高度要高于避雷器上法兰平面。

（3）将工装滑车放到 2 根槽钢导轨上，将下滑车推到更换的避雷器上端，调整 4 根可调丝杠螺母，将工字形平板安装到避雷器法兰上端，用螺栓紧固。

（4）调整 4 根可调丝杠螺母，拆卸避雷器底部固定螺栓，用 4 根可调丝杠螺母将避雷器托起，距离避雷器底板 10mm 左右，用工装滑车将避雷器推出主体框架，用吊车将避雷器和移动滑车一起吊起，放在地面上，将避雷器取出。

（5）将新的避雷器安装在工装滑车上，用 4 根可调丝杠螺母托起避雷器，用吊车将滑车和避雷器一起吊到放到 2 根槽钢导轨上，将滑车推到避雷器安装位置，安装避雷器，拆卸工字形平板，取下工装滑车，拆除 2 根槽钢导轨，完成避雷器更换。

4.3.2.6　100kV 隔离变压器塔检修维护

当 100kV 隔离变压器塔上的器件发生故障时，需要对器件进行更换维护。更换步骤及注意事项如下：

（1）维修人员需仔细阅读说明书，明确设备的重量，以及与接线排、电缆和光纤等连接情况，使用升高设备攀爬到对应问题设备的位置。

（2）维护人员携带力矩扳手、防静电手套等工具进入升降车工作平台，系好安全带，按动操作按钮将平台上升到指定的作业高度。工作人员进入机械开关塔内时应尽量避免对绝缘子、屏蔽罩、光纤槽、电缆槽等相关设备进行踩踏。

（3）因为隔离变压器尺寸较大，因此更换某一层设备时，需要拆除当前层及上方需要拆除的所有器件及设备，包括外侧屏蔽罩、导电排、接线排、光纤、电缆、支座、横梁、连接件、绝缘子、光纤槽等。拆除过程中不允许有螺栓、平垫、弹垫掉下。同时，拆除和移动光纤电缆和导电排时，注意对光纤、电缆和其他器件的保护。

（4）将隔离变压器使用起吊工具吊出断路器，放到地面。

（5）将新的避雷器用起吊工具吊起，吊至安装位置安装，再逐层安装已拆除的隔离变压器塔，恢复至完整状态。

（6）将所有连接安装好后，离开隔离变压器塔。注意检查所有光纤和电缆及导电排是否已经连接好，螺栓是否已经按要求紧固完成，离开时不要将维修工具和其他杂物遗留在塔上。

4.4 机械式高压直流断路器检修

4.4.1 检修维护前期准备

4.4.1.1 危险点预控措施

危险点预控措施见表 4-13。

表 4-13　　　　　　危险点预控措施

类型	危险点	预控措施
高空坠落	人员不符合要求	1）凡参加高处作业的人员，应每年进行一次体检。患有禁忌症、高血压、心脏病的人员不得参加高处作业。 2）高处作业人员必须经过相关教育培训并经考试合格，并取得高空作业证
	着装不符合要求	高处作业人员应衣着灵便，穿软底鞋
	安全带使用不规范	1）塔上、地面设安全监护人，及时监督其系好安全带。 2）高处作业人员必须系好安全带。安全带必须拴在牢固的构件上，并不得低挂高用。施工过程中，应随时检查安全带是否拴牢。 3）每次使用前，必须进行外观检查，安全带（绳）断股、霉变、虫蛀、揭伤或铁环有裂纹、挂钩变形、接口缝线脱开等严禁使用
	随意抛扔工具、物料	高处作业人员不得随意向地面抛扔工器具、物料等
	高空落物	1）进入施工区的人员必须正确佩戴安全帽，帽带要系紧。 2）作业面边缘设置安全围栏，严禁行人入内或逗留。 3）相关的物品防坠落措施

133

类型	危险点	预控措施
触电	临近带电部位作业	1）加强监护，控制和限制作业人员的活动范围。 2）采取停电措施或搭设跨越围栏
	感应电伤人	作业机具和设备加挂牢固的接地线
机械伤害	工器具失灵	1）选用的工器具合格、可靠，严禁以小代大。 2）工器具受力后检查受力状况
车辆伤害	升降平台的使用	1）正确使用升降平台，严格按升降平台操作维护要求使用。 2）升降平台操作作业人员必须经过相关教育培训。 3）升降平台在作业区域内行走时，要有监护人进行看管，防止升降平台的操作伤害其他操作人员和设备

4.4.1.2 常规准备

机械式高压直流断路器产品长宽高 18m×9m×15.5m，分为四个平台，分别为转移支路平台、开关平台、缓冲支路平台及避雷器平台，机械式高压直流断路器三维布局如图 4-62 所示，机械式高压直流断路器阀厅平面布置如图 4-63 所示。

图 4-62 机械式高压直流断路器三维布局图

1. 技术准备工作

（1）准备 500kV 高压直流断路器设备相关的图纸资料。

（2）准备 500kV 高压直流断路器设备维护检修手册。

（3）编制 500kV 高压直流断路器设备维护检修方案。

（4）编制 500kV 高压直流断路器设备维护检修进度计划表和点检表。

（5）交底 500kV 高压直流断路器设备维护检修安全须知及注意事项。

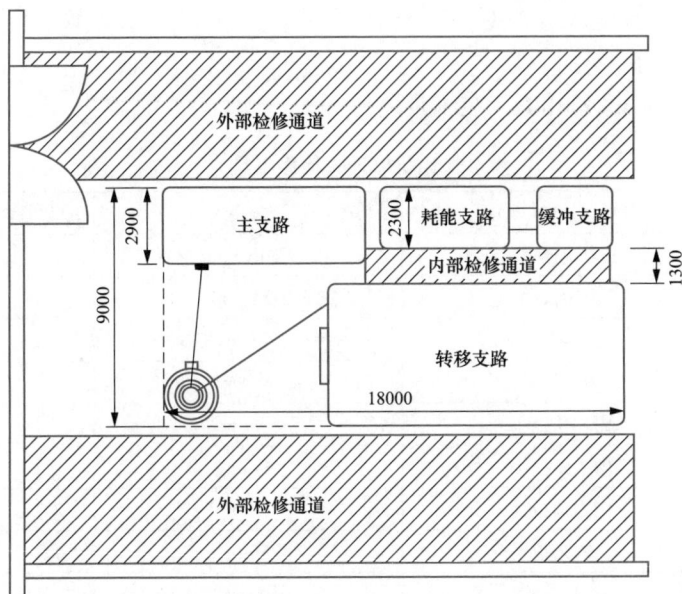

图 4-63　机械式高压直流断路器阀厅平面布置图（单位：mm）

2. 工器具准备工作

（1）按照 500kV 高压直流断路器设备维护检修手册准备相关的工器具。

（2）力矩扳手等计量工具的年检达标。

（3）人员准备工作。

1）对作业人员进行设备维护检修等方面的技术培训。

2）对作业人员进行相关的安全及注意事项培训。

4.4.2　主要元器件更换

主支路平台需检修的组件主要为快速机械开关、驱动柜、变压器，如图 4-64 所示。快速机械开关和变压器底部设有专门的检修滑轨。

图 4-64　高压直流断路器主支路平台结构图

135

4.4.2.1 快速机械开关

1. 工具准备

按照表 4-14 准备相关工装工具。

表 4-14　　　　　　　　　　快速机械开关检修工具

序号	名称	规格	数量	单位
1	力矩扳手	110～550N·m；ϕ22	1	把
2	力矩扳手	20～100N·m；1/2	1	把
3	力矩扳手	1～5N·m；1/4	1	把
4	力矩扳手	5～25N·m；1/4	1	把
5	内六角扳手	10mm	1	把
6	内六角扳手	3mm	1	件
7	内六角扳手	5mm	1	件
8	内六角扳手	6mm	1	件
9	旋具套筒	10mm；1/2	1	个
10	旋具套筒	3mm；1/4	1	个
11	旋具套筒	5mm；1/4	1	个
12	旋具套筒	6mm；1/4	1	个
13	套筒	13mm；1/4	1	个
14	套筒	18mm；1/2	1	个
15	开口扳头	30mm；ϕ22	1	个
16	开口扳头	36mm；ϕ22	1	个
17	两用扳手	30mm	1	把
18	两用扳手	10mm	1	把
19	两用扳手	13mm	1	把
20	两用扳手	18mm	1	把
21	两用扳手	36mm	1	把
22	吊环螺钉	M12	2	个
23	吊绳	3m/2t	1	根
24	四腿吊装带	2m	1	套

2. 更换步骤

（1）拆除以下零部件，如图 4-65 所示：

1）检修层两个快速机械开关之间的连接导体和软连接。

2）与待更换快速机械开关相连的上下层之间的导体。

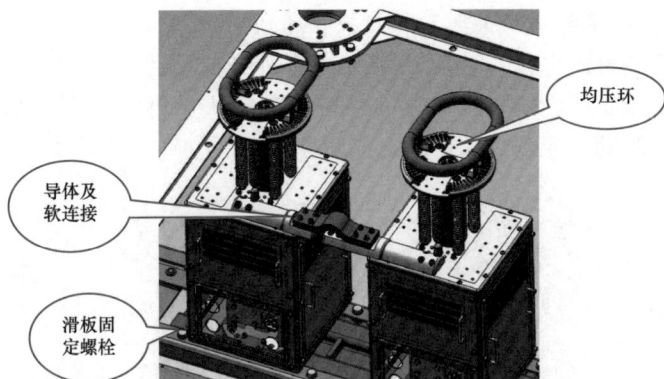

图 4-65　快速机械开关拆除示意图

3）待更换快速机械开关顶部的均压环。

4）滑板固定螺栓。

5）在要更换的快速机械开关上方安装吊环螺钉和吊绳（3m）。

（2）推动快速机械开关，同时控制行车上升，使吊绳轻微受力。将待更换快速机械开关滑至平台外侧，滑轨底部有限位挡块，可防止快速机械开关完全滑出掉落，快速机械开关检修示意如图 4-66 所示。

图 4-66　快速机械开关检修示意图

（3）拆除快速机械开关底部与滑板的固定螺母。

（4）将故障快速机械开关吊离地面。

（5）按相反步骤将新快速机械开关安装至原位。

4.4.2.2　快速机械开关驱动柜更换步骤

驱动柜无法整体更换，但驱动柜可在前后左右及上方五个方向上开门，且门采用卡扣连接。若内部元器件发生故障，作业人员可在平台内部将驱动柜的门打开，完成驱动柜元器件的更换，如图 4-67 所示。

图 4-67　主支路快速机械开关驱动柜

4.4.2.3　转移支路 IGCT 检修维护

1. 工具准备

按照表 4-15 准备相关工装工具。

表 4-15　　　　　　　　　　　　IGCT 检修工具

序号	名称	规格	数量	单位
1	力矩扳手	20～100N·m；1/2	1	把
2	内六角扳手	10mm	1	把
3	内六角扳手	14mm	1	把
4	旋具套筒	10mm；1/2	1	个
5	套筒	18mm；1/2	1	个
6	两用扳手	18mm	1	把
7	吊环螺钉	M16	2	个
8	卸扣	2t	2	个
9	吊绳	4m/2t	1	根

2. 更换步骤

（1）拆除以下零部件，如图 4-68 所示：

1）与待更换的 IGCT 相连接的两侧的连接排。

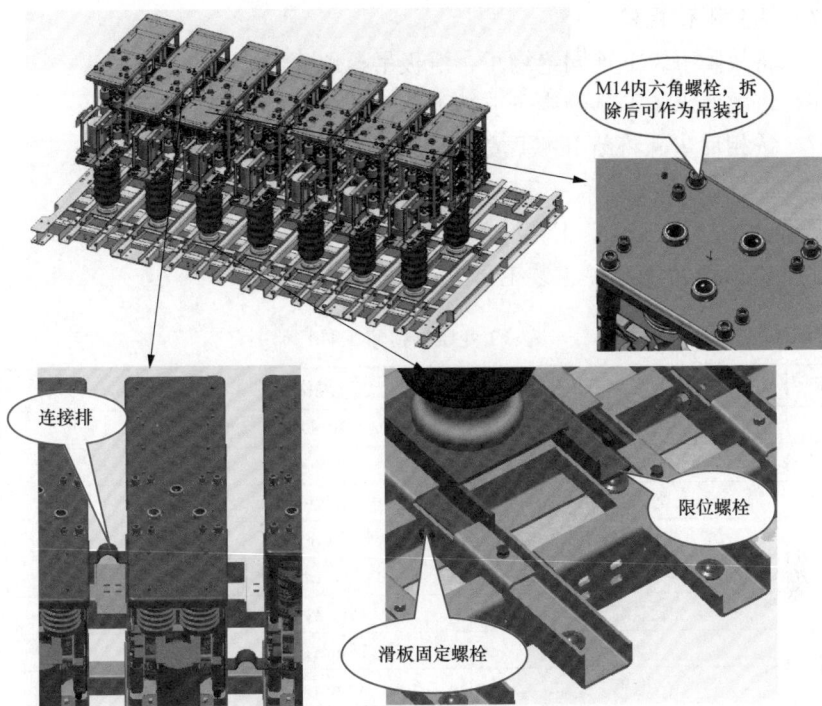

图 4-68　IGCT 拆除示意图

2）滑板固定螺栓。

3）待更换的 IGCT 顶部的两个对角的 M14 内六角螺栓。

（2）在拆除 M14 内六角螺栓的两个吊装孔安装吊环、卸扣、吊绳（4m）。

（3）推动 IGCT，同时控制行车上升，使吊绳轻微受力。将 IGCT 滑至平台外侧。滑轨底部有限位螺栓，可防止 IGCT 完全滑出平台掉落，如图 4-69 所示。

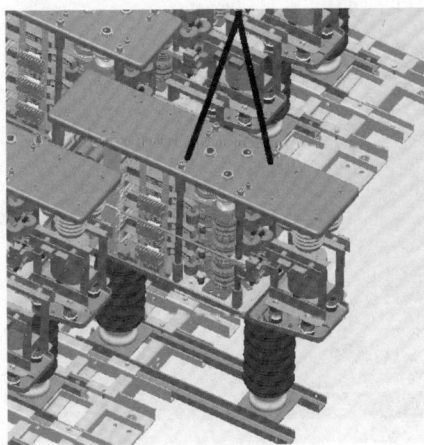

图 4-69　IGCT 检修示意图

（4）拆除限位螺栓。

（5）将故障 IGCT 连同绝缘子、滑板吊至地面。

（6）将故障 IGCT 从绝缘子上拆下，安装新 IGCT 到绝缘子。

（7）按相反步骤将新 IGCT 安装至原位。

4.4.2.4 转移支路第一层隔离变压器（F1）检修维护

1. 隔离变压器（F1）工具准备

按照表 4-16 准备相关工装工具。

表 4-16 F1 变压器检修工具

序号	名称	规格	数量	单位
1	力矩扳手	110～550N·m；ϕ22	1	把
2	力矩扳手	60～300N·m；1/2	1	把
3	力矩扳手	20～100N·m；1/2	1	把
4	内六角扳手	10mm	1	把
5	内六角扳手	14mm	1	把
6	旋具套筒	14mm；1/2	1	个
7	套筒	18mm；1/2	1	个
8	套筒	30mm；1/2	1	个
9	开口扳头	30mm；ϕ22	1	个
10	两用扳手	30mm	1	把
11	吊环螺钉	M16	4	个
12	卸扣	2t	4	个
13	吊绳	3m/2t	4	根

2. 隔离变压器（F1）更换步骤

（1）拆除以下零部件，如图 4-70 所示：

图 4-70 F1 变压器拆除示意图

　　1）待更换变压器上的均压环。

　　2）所有接地排或等电位线。

　　3）远侧滑板限位螺栓（近侧不能拆）。

　　4）滑板固定螺栓。

　　（2）在变压器吊装孔安装吊环、卸扣、吊绳（3m）。

　　（3）推动变压器，同时控制行车上升，使吊绳轻微受力。将变压器滑至平台外侧。滑轨底部有限位螺栓，可防止变压器完全滑出平台掉落，如图 4-71 所示。

图 4-71　F1 变压器检修示意图

　　（4）拆除底部故障变压器与滑板的固定螺栓。

　　（5）将故障变压器吊至地面。

　　（6）按相反步骤将新变压器安装至原位。

　　3. 层间隔离变压器（F2～F6）检修工具准备

　　按照表 4-17 准备相关工装工具。

表 4-17　　　　　　　　　　　　　　F2～F6 变压器检修工具

序号	名称	规格	数量	单位
1	力矩扳手	110～550N·m；ϕ22	1	把
2	力矩扳手	60～300N·m；1/2	1	把
3	力矩扳手	20～100N·m；1/2	1	把
4	内六角扳手	10mm	1	把

续表

序号	名称	规格	数量	单位
5	内六角扳手	14mm	1	把
6	旋具套筒	14mm；1/2	1	个
7	套筒	18mm；1/2	1	个
8	开口扳头	30mm；ϕ22	1	个
9	两用扳手	30mm	1	把
10	吊环螺钉	M16	4	个
11	卸扣	2t	4	个
12	吊绳	3m/2t	4	根

4. 层间隔离变压器（F2～F6）更换步骤

（1）拆除以下零部件，如图 4-72 所示：

1）两侧的两个均压环；

2）接地排和等电位线；

3）远侧滑板限位螺栓（近侧不拆）；

4）滑板固定螺栓。

图 4-72　F2～F6 变压器拆除示意图

（2）在变压器吊装孔安装吊环、卸扣、吊绳（3m）。

（3）推动变压器，同时控制行车上升，使吊绳轻微受力。将变压器滑至平台外侧。滑轨底部有限位螺栓，可防止变压器完全滑出平台掉落，如图 4-73 所示。

图 4-73　F2～F6 变压器检修示意图

（4）拆除近处滑板限位螺栓。

（5）将故障变压器连同滑板一起吊至地面。

（6）将变压器从滑板上拆下，安装新变压器到滑板。

（7）按相反步骤将新变压器安装至原位。

5. 层间升压变压器检修工具准备

按照表 4-18 准备相关工装工具。

表 4-18　　　　　　　　　变压器检修工具

序号	名称	规格	数量	单位
1	力矩扳手	110～550N·m；φ22	1	把
2	力矩扳手	60～300N·m；1/2	1	把
3	力矩扳手	20～100N·m；1/2	1	把
4	内六角扳手	8mm	1	把
5	旋具套筒	8mm；1/2	1	个
6	套筒	18mm；1/2	1	个
7	套筒	30mm；1/2	1	个
8	开口扳头	30mm；φ22	1	个
9	两用扳手	18mm	1	把
10	两用扳手	30mm	1	把
11	吊环螺钉	M16	4	个
12	卸扣	2t	4	个
13	吊绳	3m/2t	4	根

6. 层间升压变压器更换步骤

如图 4-74 所示，更换 A 和 B 两个变压器之前，需先将与变压器相连接的软连接线先拆除。另外，拆除变压器 A 之前，需先将外侧的电阻模块先拆除。其他更换步骤和开关平台 F2～F6 层间隔离变压器的更换步骤大体一致，可参考层间隔离变压器（F2～F6）更换步骤。

图 4-74　层间升压变压器

4.4.2.5　避雷器平台

避雷器平台共6层，每层由两排各5组避雷器、钢板、踏步板及调整螺母等组成，每个避雷器重350kg。通过整块钢板来实现层间避雷器隔离。避雷器平台的检修主要是单层中10组避雷器（一组2个）的更换。

以下以避雷器第二层为例，介绍避雷器的更换过程，如图 4-75 所示。

图 4-75　避雷器平台

1. 工具准备

按照表 4-19 准备相关工装工具。

表 4-19　　　　　　　　　　避雷器平台检修工具

序号	名称	规格	数量	单位
1	力矩扳手	20～100N·m；1/2	1	把
2	力矩扳手	60～300N·m；1/2	1	把
3	力矩扳手	60～300N·m；φ16	1	把
4	内六角扳手	10mm	1	把
5	旋具套筒	10mm；1/2	1	个
6	套筒	18mm；1/2	1	个
7	套筒	36mm；1/2	1	个
8	两用扳手	18mm	1	把
9	开口扳头	30mm	1	个
10	两用扳手	30mm	1	把
11	两用扳手	36mm	1	把
12	吊环螺钉	M16	4	个
13	卸扣	4t	4	个
14	吊绳	2m/2t	2	根
15	吊绳	3m/4t	4	根

2. 更换步骤

（1）拆除第二层避雷器对应的 4 组侧屏蔽及 2 个 OCT，如图 4-76 所示。

图 4-76　拆除侧屏蔽及 OCT

（2）安装导轨及门型支撑架（只有边相 OCT 拆除时才需要安装，中间 6 组无需门型支撑），如图 4-77 所示。

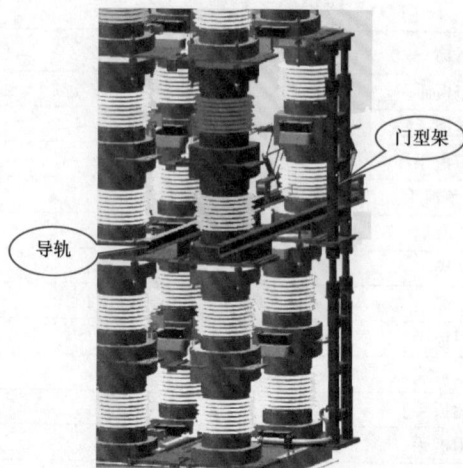

图 4-77　门型架及滑轨

（3）安装滑行小车，如图 4-78 所示。

图 4-78　滑型小车

（4）拆除第二层 OCT 的上下两组连接螺杆，如图 4-79 所示。

（5）旋松调整螺母，取出调整螺母，空出 45mm 间隙，如图 4-80 所示。

（6）微调滑行小车上升约 20mm，滑出耗能支路，吊装，如图 4-81 所示。

（7）更换避雷器组，逆顺序复装，同理更换其余 9 组耗能支路。

图 4-79 连接螺杆

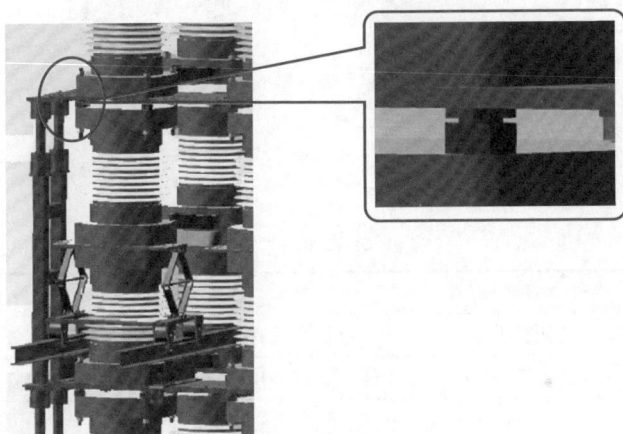

图 4-80 调整螺母

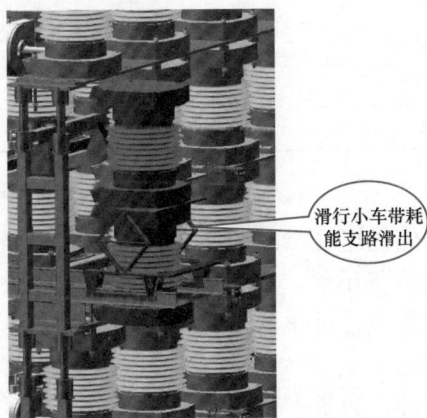

图 4-81 滑出避雷器组

4.4.2.6 转移平台电容

转移平台单层如图 4-82 所示。

图 4-82 转移平台单层

1. 储能电容检修更换工具准备

按照表 4-20 准备相关工装工具。

表 4-20　　　　　　　　　　储能电容检修工具

序号	名称	规格	数量	单位
1	力矩扳手	20～100N·m；1/2	1	把
2	力矩扳手	20～100N·m；ϕ16	1	把
3	内六角扳手	8mm	1	把
4	旋具套筒	8mm；1/2	1	个
5	套筒	18mm；1/2	1	个
6	开口扳头	18mm；ϕ16	1	个
7	两用扳手	18mm	1	把
8	吊绳	4m/2t	2	根

2. 更换步骤

如果故障待更换的储能电容器组位于最外侧，则检修步骤如下；如果故障待更换的储能电容器组位于里侧，则先按下列步骤先将外侧的正常储能电容依次拆除，再按如下步骤更换故障电容器，将之前拆除的正常储能电容器组装回原位。

（1）拆除以下零部件，如图 4-83 所示：

1）与待更换的储能电容相连接的连接排、软连接线。

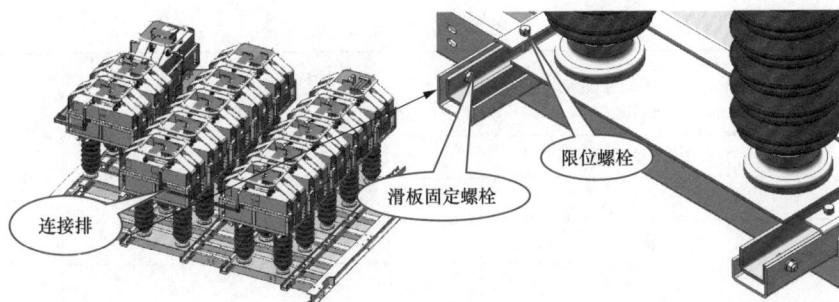

图 4-83　储能电容拆除示意图

2）滑板固定螺栓。

（2）安装吊绳（4m）。

（3）推动储能电容器组，同时控制行车上升，使吊绳轻微受力。将储能电容器组滑至平台外侧。滑轨底部有限位螺栓，可防止完全滑出平台掉落，如图 4-84 所示。

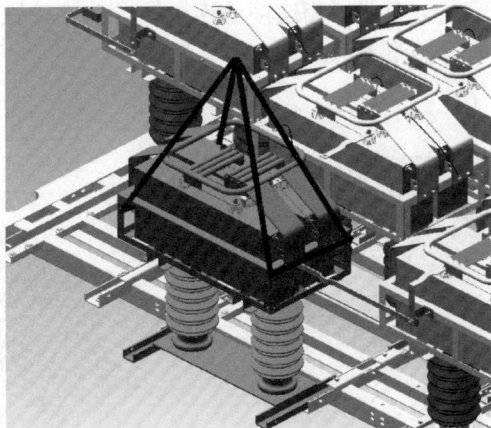

图 4-84　储能电容检修示意图

（4）拆除限位螺栓。

（5）将故障储能电容器组连同绝缘子、滑板吊至地面。

（6）将故障储能电容器从绝缘子拆下，安装新储能电容器。

（7）按相反步骤将新储能电容器组安装至原位。

3. 充电电容工具准备

按照表 4-21 准备相关工装工具。

表 4-21   充电电容检修工具

序号	名称	规格	数量	单位
1	力矩扳手	20～100N·m；1/2	1	把
2	内六角扳手	8mm	1	把
3	旋具套筒	8mm；1/2	1	个
4	套筒	18mm；1/2	1	个
5	两用扳手	18mm	1	把
6	吊绳	4m/2t	2	根

4. 更换步骤

如果故障待更换的充电电容器组位于最外侧，则检修步骤如下；如果故障待更换的充电电容器组位于里侧，则先按下列步骤先将外侧的正常充电电容依次拆除，再按如下步骤更换故障电容器，再将之前拆除的正常充电电容器组装回原位。

（1）拆除以下零部件，如图 4-85 所示：

1）与待更换的充电电容器组相连接的连接排、软连接线。

2）待更换充电电容器组顶部的均压环。

3）滑板固定螺栓。

图 4-85　充电电容拆除示意图

（2）安装吊绳（4m）。

（3）推动充电电容器组，同时控制行车上升，使吊绳轻微受力。将充电电容器组滑至平台外侧。滑轨底部有限位螺栓，可防止完全滑出平台掉落，如图 4-86 所示。

（4）拆除限位螺栓。

（5）将故障充电电容器组吊至地面。

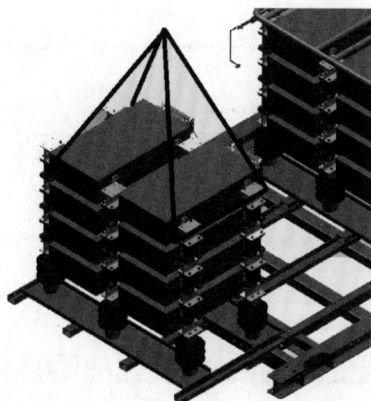

图 4-86   充电电容检修示意图

（6）按相反步骤将新充电电容器组安装至原位。

第 5 章
高压直流断路器故障案例及分析

5.1 混合式高压直流断路器典型故障案例

张北柔性直流四端环网工程应用大量直流高压直流断路器，在工程调试启动运行阶段出现了多起直流断路器故障案例，下面就几起典型的故障案例来进行分析。

5.1.1 耗能支路避雷器动作误报案例

1. 问题描述

2020 年 7 月 1 日～7 月 12 日，高压直流断路器在直流系统没有启动的工况下，后台报出避雷器动作和避雷器击穿故障的现象。

2. 原因分析

总支路 OCT 采样受到外部扰动，产生峰值较小的电流，从而导致避雷器动作和击穿故障发生。

3. 整改措施

在极线断路器上，为了监视避雷器状态，分别在其总支路和分支路上配置了 OCT，可监视避雷器是否动作和是否发生击穿故障。避雷器动作如下：

（1）避雷器动作：总电流 $I_\text{总} >$ 动作电流门槛 I_set。

（2）避雷器击穿故障：$2 \times$ 总支路电流 $I_\text{总} - 4 \times$ 分支路电流 $I_\text{分} >$ 总支路电流 I_set。

注：$I_\text{总} = n \times I_\text{分}$。

为解决避雷器 OCT 输出数据扰动问题，对高压直流断路器电流互感器采集单元进行了程序升级。升级后的采集单元程序支持倍频调制模式运行，有助于解决浪涌干扰时采集单元输出数据扰动问题。装置设有"频率系数"定值，该参数设置为 1 时，装置在倍频调制模式下运行；该参数设置为 0 时，装置在非倍频调制模式下运行。

5.1.2 主供能变压器端盖盒内光纤弯折问题案例

1. 问题描述

2020 年 7 月 22 日，S2 换流站 L12 线路正极高压直流断路器 0512D 套报：

"机械开关左侧主供能电压采样品质位异常"；2020 年 9 月 4 日再次报出"机械开关右侧主供能电压采样品质位异常"。

2. 原因分析

经过现场拆解主供能变压器端盖检查，发现主供能电压采样光纤（RTU 光纤）弯折严重，导致采样异常，如图 5-1 所示。对于以上问题，原因在于主供能变压器底部端盖设计存在安全隐患导致 RTU 侧光纤弯折严重。

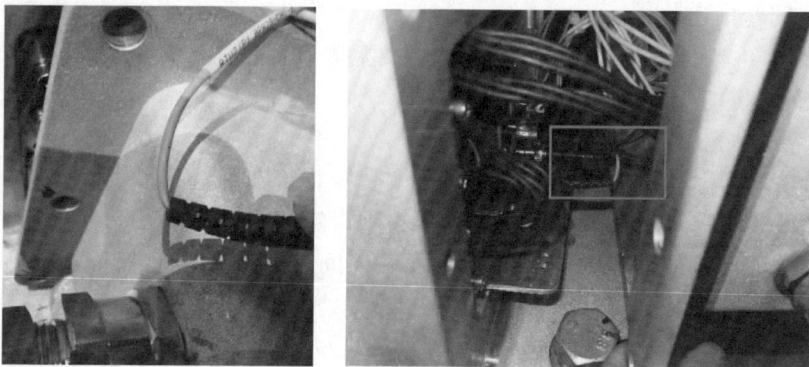

图 5-1　现场光纤弯折情况图

3. 整改措施

针对以上问题，现场人员首先进行底部端盖结构优化，并准备对 S2 换流站 4 套高压直流断路器共 20 台主供能变压器进行全面排查整改，并采用以下整改措施：

（1）主供能变压器端盖盒深度方向尺寸由原先的 108mm 增大至 183mm，增大端盖盒内光纤的存储空间，保证有足够空间满足光纤弯曲半径的要求。同时，端盖顶部增加操作口及盖板，在安装整理光纤完毕后，盖上盖板，避免之前完成安装后无法检查端盖盒内光纤状态的问题。图 5-2 为试装的照片。

图 5-2　供能变压器盖盒试装图

（2）对于现场已损坏的光纤进行更换，重新制作光纤法兰。对于未损坏的 RTU1 及 RTU2 的光纤进行现场检测，对存在风险的光纤重新制作法兰。

（3）通过以上排查整改措施，能有效解决主供能变压器端盖盒内光纤弯折问题，并避免后续再次出现采样异常的故障。建议后期验收时对所有光纤进行排查，避免出现弯折过大的问题。

5.1.3　主供能变压器漏气故障案例

1. 问题描述

2020 年 7 月 28 日 23：00 左右，S4 换流站 0511D 高压直流断路器报出正极 3 号保护主供能变压器压力低告警。

2. 原因分析

（1）现场排查。经现场人员排查，该高压直流断路器正极供能变压器发低气压报警（额定气压 0.45MPa，低气压报警设定值为 0.4MPa），后台压力表显示的最低压力为 0.399MPa。现场人员第一时间对供能变压器进行漏气检查，在套管顶部向下数第 15 个大伞裙的上面约 2cm 处发现直径约 1cm 的破损，用 SF_6 气体检测仪检测，发现该处存在气体泄漏，现场泄漏点图片如图 5-3 所示。

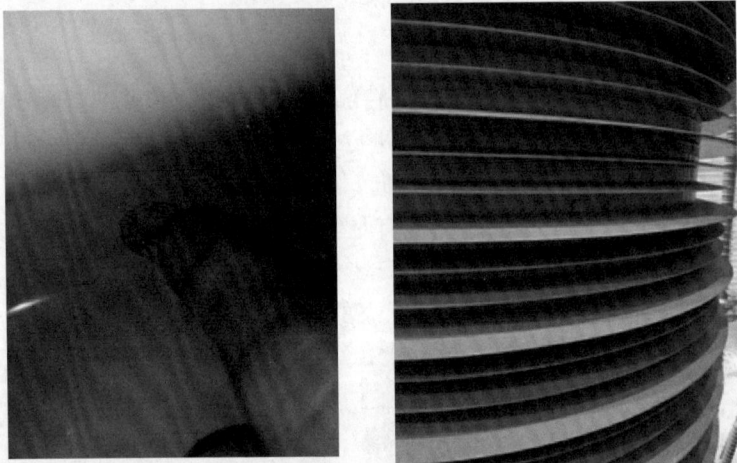

图 5-3　泄漏点及其位置现场照片

该供能变压器安装有 3 只气体密度仪，现场人员将 3 只表计投运以来该主供能变压器的压力变化数值统计如表 5-1 所示，根据表 5-1 的数值，绘制压力变化曲线图如图 5-4 所示。从压力变化曲线可以看出，供能变压器的压力从 2019 年 9 月充气完成至 2020 年 4 月 29 日之间气压值是处于正常范围内的，4 月 29 日左右开始，气体压力出现异常，气压值发生明显的下降，且呈线性下降趋势。

表 5-1　　　正极高压直流断路器主供能变压器 SF$_6$ 气体压力历史记录表　　　单位：MPa

时间	1号保护压力值	2号保护压力值	3号保护压力值
2019 年 12 月 18 日	0.469	0.472	0.462
2020 年 3 月 20 日	0.481	0.483	0.47
2020 年 4 月 29 日	0.480	0.482	0.472
2020 年 5 月 13 日	0.468	0.470	0.460
2020 年 5 月 29 日	0.453	0.455	0.445
2020 年 6 月 7 日	0.447	0.449	0.439
2020 年 6 月 20 日	0.436	0.438	0.428
2020 年 7 月 8 日	0.422	0.424	0.415
2020 年 7 月 28 日	0.406	0.408	0.399

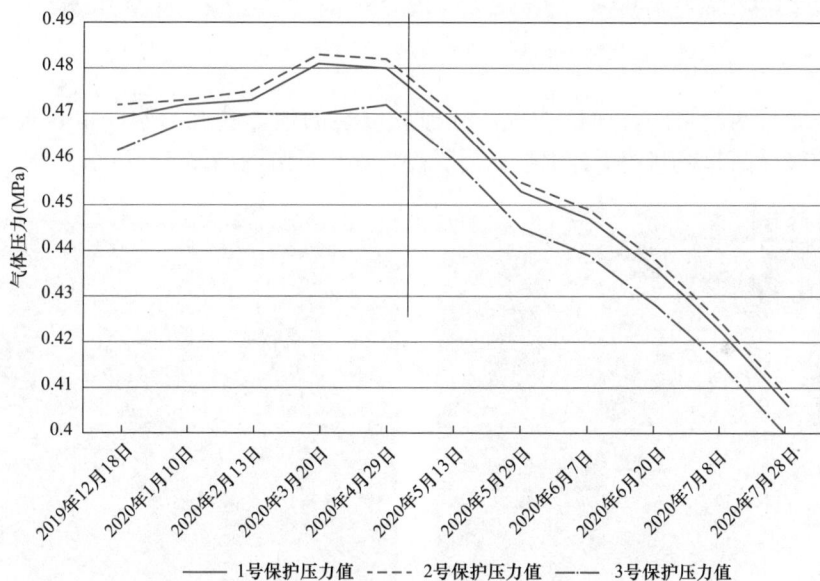

图 5-4　正极高压直流断路器主供能变压器 SF$_6$ 气体压力变化历史曲线

　　故障原因分析：经现场核查 4 月 29 日现场没有作业，具体漏气原因依据现有现场情况无法判断，可以确定 S4 换流站正极高压直流断路器 SF$_6$ 气体压力低告警是由于该供能变压器套管漏气造成的，具体泄漏点可定位于套管顶部向下第 15 个大伞裙根部破损处，由于目前现场条件限制，无法对套管内部进行进一步排查，难以准确定位故障点，需拆解后进一步查找分析故障原因。

　　（2）问题供能变压器拆解。8 月 15 日，现场拆解故障套管，初步分析故障套管漏气原因。同步开展器身内部干燥、清理、检查工作。解剖漏气点周围的

155

硅橡胶，没有发现异常；解剖漏气点的硅橡胶时，发现绝缘筒表面有一根凸起的玻璃丝，与之对应的硅橡胶内表面有明显凹进去的玻璃丝痕迹。去掉硅橡胶后，绝缘筒外表面无其他可视异常，返厂分析图如图 5-5 所示。

图 5-5　供能变压器套管漏气点硅橡胶图（左侧为漏气点硅橡胶表面图）

把套管两端封闭，内部充气，硅橡胶破裂的地方喷肥皂水，检查气密性，发现绝缘筒凸起玻璃丝下方部位有漏气点，返厂拆解图如图 5-6 所示。

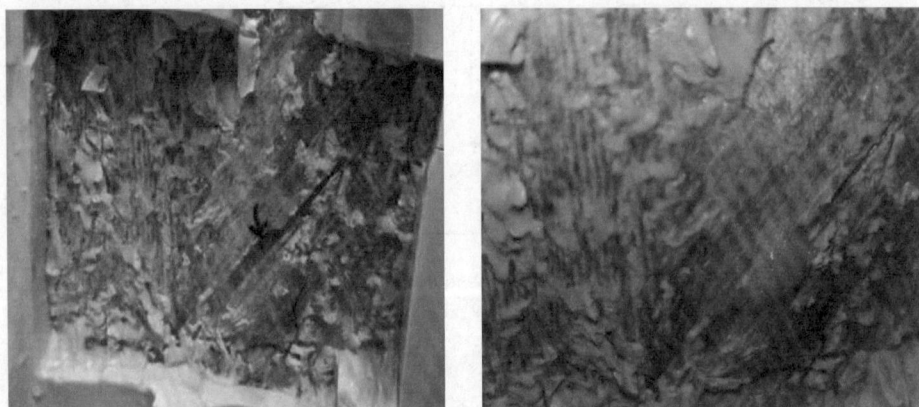

图 5-6　供能变压器套管漏气点玻璃丝图（图中的箭头是漏气点和漏气泡沫）

由于外部存在漏气点，为了更加直观地找到漏气原因，试验人员把套管两端封闭，内部抽真空，在外部漏气位置涂品红溶液，查找漏气路径，但是由于内部真空压力与外部大气压无法达到内部充气的压力，漏气路径并不能显现出来，故无法通过此方法找到具体故障原因。

（3）问题分析专家会。2020 年 9 月 3 日，特高部组织相关单位以及特邀专家在江苏常州召开"张北工程许继极线断路器功能变问题分析暨专家见证工作会"，会议认为是外力造成套管漏气，但未明确是何种外力在什么时间造成的。

3. 整改措施

依据现场运行情况，现场人员临时给该漏气供能变压器补气到正常压力范围，以保障柔性直流调试工作继续运行。8 月 10 日开始对其进行现场拆除作业。8 月 11 日 18：00，完成阀厅内拆除工作并移出换流阀，该高压直流断路器采用临时旁路措施，换流站得以继续调试工作。漏气供能变压器返厂后进行拆解，更换新的套管后，完成所有出厂试验，于 9 月 10 日到达 S4 换流站现场，并于 9 月 13 日 22：00 完成现场安装以及全部现场试验项目，具备复电条件，该台供能变压器运行压力稳定，无异常漏气现象。

鉴于本次供能变压器漏气事故，建议在生产、试验、运输、安装阶段加强对充气设备的保护，避免碰撞。另外，在年度检修期间，对于充 SF_6 气体的主供能变压器，检验变压器四周是否漏气，重点检查变压器元器件及变压器自身的安装附件，包括出线孔、压力表连接处、焊缝、充气孔、所有端板、法兰连接处等，加强检查变压器套管硅橡胶四周是否有明显的异常凸起或裂痕。

5.1.4   机械开关分闸失败故障案例

1. 问题描述

2022 年 7 月 1 日，S4 换流站运维人员操作过程中下发 L14 线负极高压直流断路器分闸指令，L14 线负极高压直流断路器上报机械开关分闸失败，导致整机分闸失败。

2. 原因分析

高压直流断路器控制系统 B 接收直流站控系统慢分闸指令有效后，依据分闸控制时序，正确下发了机械开关分闸指令（快分指令）。控制系统 A 接收直流站控系统慢分闸指令有效后，因控制系统 A 对应子模块接口单元存在内部通信故障，A 系统存在紧急故障（DCBC_0K 无效），未下发机械开关分闸指令至机械开关控制器。

机械开关指令下发和执行逻辑如下：当系统自检正常时，备用系统跟随值班系统进行指令下发；若自检异常，则指令不出口，如图 5-7 所示，高压直流断路器控制系统 A 存在内部通信故障，此时分闸控制指令只有 B 系统下发，而 A 系统不下发。

快速机械开关控制器指令执行逻辑：机械开关控制器不区分值班信号，如图 5-8 所示 R1 和 R2 为机械开关控制器的两个接收端子，当控制器接收端 R1 和 R2 与断路器发送端 T1 和 T2 通道均正常时，机械开关控制器仅执行 R1 通道接收到的指令，即仅执行断路器 A 系统发送的指令；只有在 R1 断路器 A 系统通道故障时，才执行 R2 通道接收 B 系统的指令。

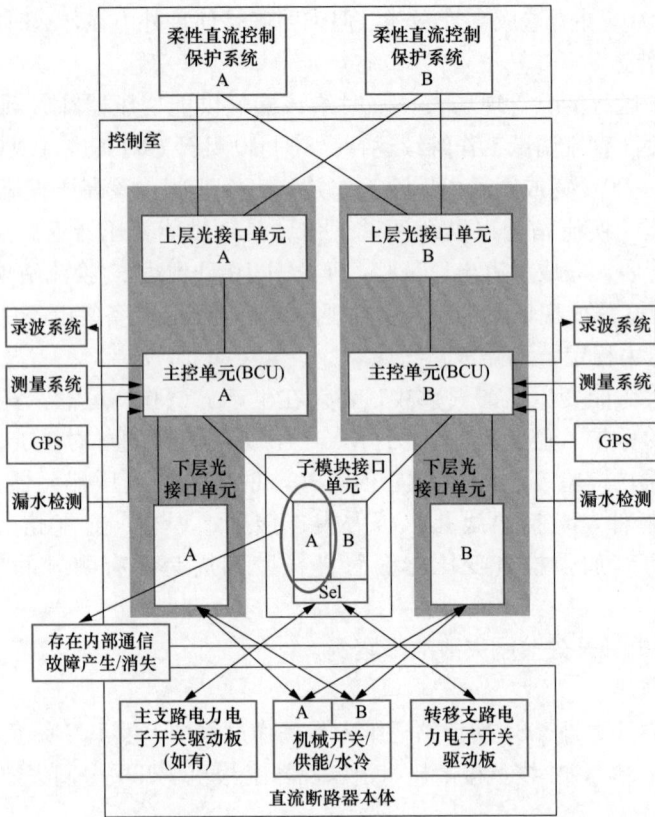

图 5-7　高压直流断路器控制保护系统架构图

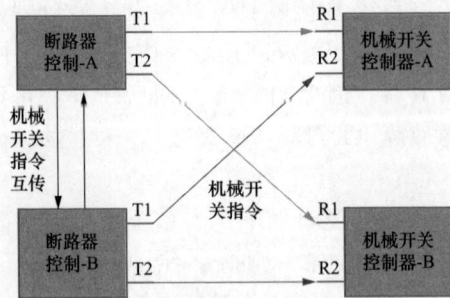

图 5-8　高压直流断路器机械开关指令通道连接示意图

分闸失败原因：断路器控制 B 值班、控制 A 系统紧急故障无效时，控制 B 系统下发指令后从断路器控制，机械开关控制器因存在通道指令优先级逻辑，未执行断路器控制 B 系统指令，导致机械开关分闸失败，进而导致断路器分闸失败。

3. 整改措施

（1）年度检修期间已对许继直流断路器的逻辑隐患进行分析完善，完成软件修改流程并进行现场整改，将断路器控制系统值班状态下发至机械开关控制器，机械开关控制器依据接收值班状态完成指令选取。

（2）年度检修期间同步对张北柔性直流工程各技术路线高压直流断路器开展隐患排查，未发现类似隐患。

（3）鉴于本次分闸失败故障案例，建议各高压直流断路器厂家在设计阶段对类似通信逻辑设计严加考虑，仔细验证。

5.1.5 主支路电力电子模块电源板卡故障案例

1. 缺陷描述

2022年4月12日，S4换流站L14线负极高压直流断路器处于"运行"模式，监控后台报出："负极主支路1♯组件1♯号（SM1-1）模块故障"，而后高压直流断路器控制保护系统下发3组并联组旁路指令，1♯模块2♯组件和1♯模块3♯组件接收到指令后执行旁路。

2. 原因分析

（1）现场分析。通过高压直流断路器监控后台模块状态字，对应状态信息如下：SM1-1报出"严重故障"/"轻微故障"/"电源故障"/"回检通道全故障"/"T1驱动故障"/"T2驱动故障"/"T3驱动故障"/"T4驱动故障"/"电源1告警"/"电源2告警"/"主回检通道故障"；SM2-1报出"严重故障"/"轻微故障"/"辅助1触发通道故障"；SM3-1报出"严重故障"/"轻微故障"/"辅助2触发通道故障"，如图5-9所示。

图5-9 断路器监视后台情况报文

（2）录波分析。经过现场考取录波查看，在发生故障后10ms内，报出"负极主支路SM1出现电源2告警""负极主支路SM1上报电源1告警，电源2告警"，高压直流断路器双套电源系统均故障，最终导致SM1模块故障，故障录波如图5-10所示。

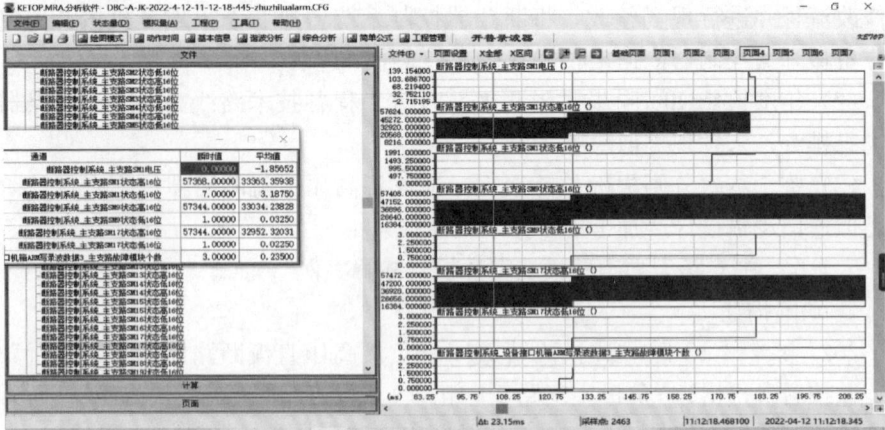

图 5-10　负极断路器 SM1-1 故障录波图

（3）板卡返厂分析。年度检修期间，对负极断路器供能上电，观察该模块正常上电，通信正常；更换取能电源模块后，对转移支路模块进行上电测试，测试合格。

将电源模块返厂，外观检查发现，2019053076 电源板卡瞬变电压抑制二极管（transient voltage suppressor，TVS）TVS-1 和 TVS-2 有发热痕迹，如图 5-11 所示。推断为 TVS 动作导致钳位电压变低，电源无法正常工作，引发 SM1-1 模块失电，进而触发旁路开关闭合。

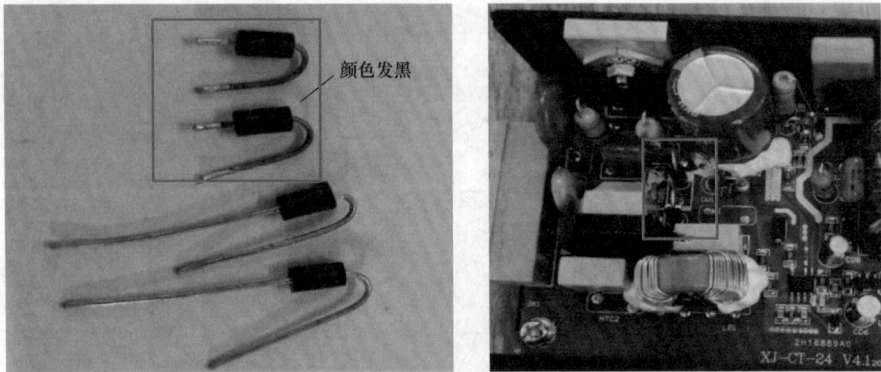

图 5-11　故障板卡颜色发黑的 TVS

TVS1 和 TVS2 钳位电压额定值 150V，最大浪涌电流 3A，最大钳位电压 207V，两只 TVS 串联后加上串联电阻 R01（阻值为 47Ω），最终的钳位电压是 315V，钳位电压低于 200V，电源不能正常工作。S1 和 S2 为取能端，当 TA 上取得的电压达到限定值时，晶闸管 M3 动作，泄放多余的能量，防止后级电压过高损坏电源，电源钳位值为 300V，如图 5-12 所示。

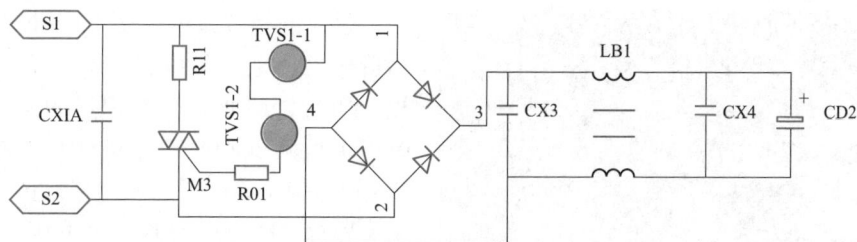

图 5-12 电源模块内部钳位电路图

根据上述测试及排查结果，主支路 SM1-1 模块两取能电源模块测试正常，暂无复现故障。2019053076 电源模块内部 TVS1-1 和 TVS1-2 有发热痕迹，初步推断为 TVS 管动作导致钳位电压变低，电源无法正常工作，引发 SM1-1 模块失电，进而触发旁路开关闭合。

3. 整改措施

本案例中出现问题的板卡已更换，已组织厂家研究针对此问题的可靠性提升措施，最终从两方面对取能电源进行升级：一是拟选用国际一线品牌 TVS，参数更优，且同等条件下温升更低；二是对 TVS 采用灌封处理，提升散热能力。

5.1.6 供能系统 UPS 发热问题故障案例

1. 缺陷概述

2021 年 11 月，S3 换流站 L23 线负极高压直流断路器供能系统 UPS 运行过程中多次出现两台并机运行的 UPS 设备逆变输出侧电流差别较大、变压器过热和异响的现象，变压器温度最高超过 110℃，高出正常运行 UPS 变压器温度近 50℃。

2. 原因分析

2022 年年检中发现故障 UPS 输出存在较大相位差，为导致并机环流的直接因素，逆变器相位差如图 5-13 所示。较大相位差导致电压差，进而导致了过大的环流，如图 5-14 所示，因此造成变压器过热，从而导致逆变输出侧电流差别较大、变压器过热和异响。

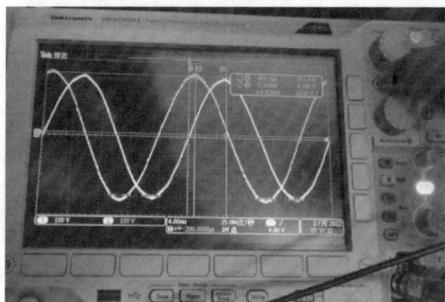

图 5-13 两台逆变器存在 2.6°左右的相位差

图 5-14 两台 UPS 并机环流波形图

图 5-15　故障调制板照片

过大的相位差主要是 UPS 控制不当造成的，主要集中在控制板和并机板，如图 5-15 所示。对损坏的调制板进行单板测试和原理分析，发现电容 C17 电容值下降，引起调制板反馈电路工作异常，造成逆变侧输出电压升高，进而导致两台 UPS 逆变电压不一致。

3. 整改措施

（1）运行时应密切关注红外测温数据，UPS 如有严重发热，应及时处置。

（2）年检时应开展 UPS 并机均流度测试，不均流度应小于 3%，应提前对换流站相关人员进行实操培训。

5.2　耦合负压式高压直流断路器典型故障案例

5.2.1　机械开关合闸状态异常故障案例

1. 问题描述

2019 年 3 月 4 日，开关在保持长时间分闸状态后，首次合闸调试操作时，后台显示有一个机械开关位置不在合位，处于非分非合状态。直流站控下达分闸命令，高压直流断路器拒分。

2. 原因分析

所有机械开关在工厂内和现场试验调试中先后已动作四百余次，从排查过程看，这一台开关合闸充电电压设置偏小，未能完全克服开关所有情况下的最大机械阻力。机械开关机构卡滞位置如图 5-16 所示。

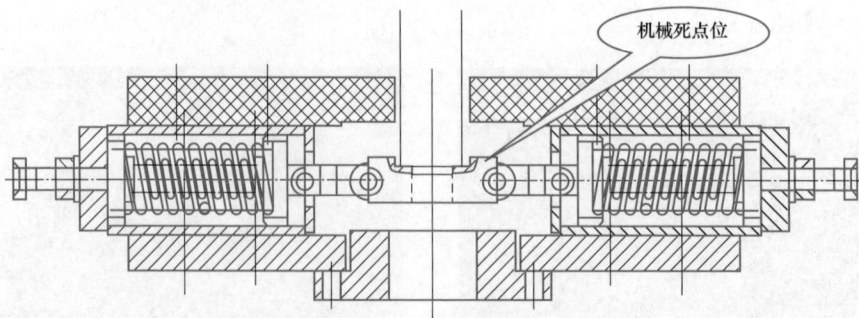

图 5-16　机械开关位置死点位原理结构图

现场实际查看故障开关卡滞位置与图 5-16 位置相同，如图 5-17 所示。

第5章

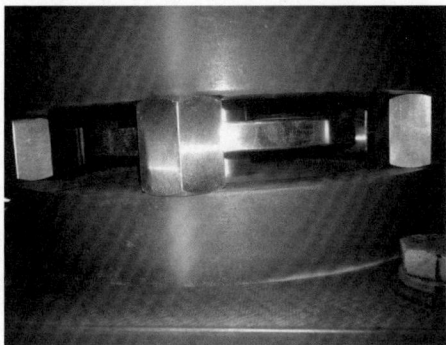

图 5-17　现场机械开关分合闸位置图

机械开关分闸与合闸状态如图 5-18 和图 5-19 所示。

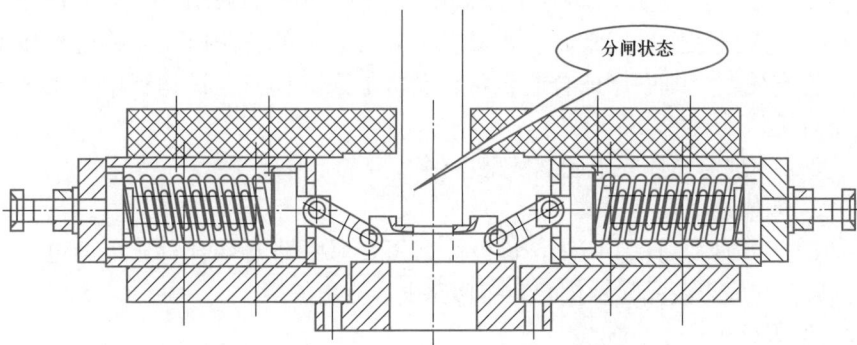

图 5-18　机械开关分闸位置原理图

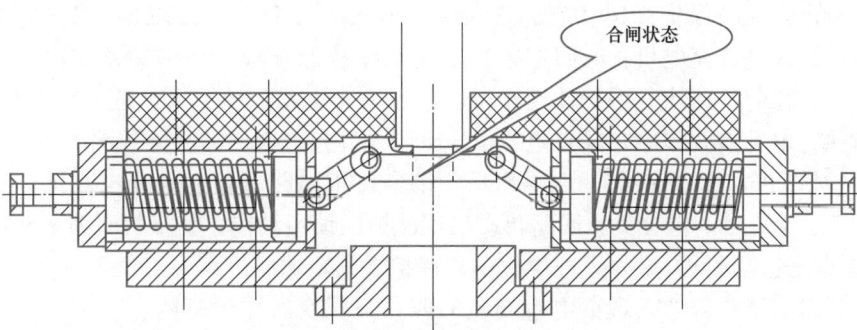

图 5-19　机械开关合闸位置原理图

　　根据机械开关分合闸位置图可以看出，合闸操作从分闸位置经过机械死点位置到达合闸位置。机械死点位置是动态不稳定状态，跨过死点就能顺利合闸。理论上合闸电容充电电压越高，斥力线圈电流越大，拉杆就越能更快速地通过死点，但是拉杆速度过大会造成电磁缓冲不平滑。

经调查该机械开关在寿命试验时调整合适的合闸电压通过考核，在工程产品出厂时，为更好地保护真空灭弧室触头，根据不同开关的机械状况在原来合闸电压的基础上下降了 20V 左右。

这一措施在出厂试验、现场调试试验短时间内数百次频繁操作中看，未出现异常。但在工程现场长时静置、低温、润滑或磨损等原因会导致摩擦阻力略增大的情况下，20190304 开关出现了卡在死点的问题，说明针对这一台开关合闸电压降低得略多。

机械开关在完成 300 次出厂稳定性操作后，机械特性已趋于稳定，在投入工程现场后一段时间，摩擦力会有所上升，但上升不多且不会一直上升。

3. 整改措施

除 20190304 开关外，其他开关未出现异常，20190304 开关把合闸电压提高20V 后，多次试操作均正常，说明微上调异常开关的合闸电压，跨过机械上的动态不稳定死点，即可保证合闸正常，在接下来的调试与试运行中未出现分合闸异常现象。

5.2.2　耦合负压充电回路故障案例

1. 问题描述

2020 年 6 月 27 日 16：59，负极性高压直流断路器耦合负压电容电压变为43V，后台和虚拟液晶显示耦合负压回路电容充电故障。

2. 原因分析

在耦合负压变为 43V 前未对断路器做合闸和分闸操作，检查控制保护装置也未向耦合负压装置发送电能泄放指令，出现电压下降故障现象后，耦合负压充电机进入故障保护锁定状态。进入该锁定状态的条件：充电速度（充电电压上升率）降低或充电机长时间进入高功耗工作状态（输入功率保持在一个高水平）时，耦合负压执行保护性动作，切断升压变压器电源输入，进入锁定状态，同时执行电容泄放程序，导致电容电压下降，并报充电回路故障代码。

检修期间，将断路器上电重启后，耦合负压回路重新启动充电功能，当充电到 11.6kV 时，耦合负压回路再次出现保护性锁定动作，初步判断为某些原因导致充电速度降低，触发了充电控制器保护性锁定功能。

通过上塔排查，发现给电容充电的四台升压变压器中有两台升压变压器工作状态异常，具体现象为恒电流充电过程中升压变压器一次侧电压始终保持在20V 以下，不随充电电压升高而升高，根据这个现象可以判断升压变压器内部可能存在线圈短路或绝缘介质失效，无高压输出或高压输出端电压无法达到额定值，由此导致充电电压上升率降低，触发充电控制器进入保护性锁定状态。充电回路原理如图 5-20 所示。

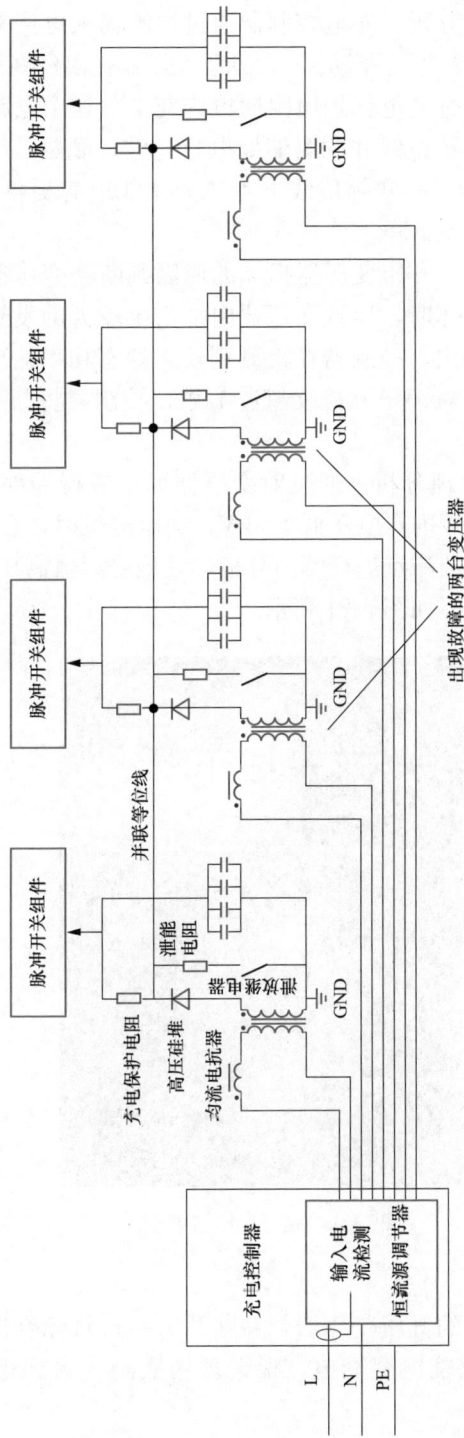

图 5-20 耦合负压充电回路原理与变压器实物照片

165

（1）充电过程故障分析。充电控制器通过检测输入电流来自动调节输出功率，实现对升压变压器的恒流驱动。4台升压变压器输出经高压硅堆连接到并联等位线，并联等位线通过充电保护电阻向电容充电。整个电路原理是4台充电机恒流输出，通过并联等位线并联为储能电容充电，显然，当其中一台或两台升压变压器出现故障时，并联等位线上无法为储能电容提供额定的充电电流，最终导致充电机充电效率下降。

（2）稳态故障分析。升压变压器损坏的原因判断为变压器内部线圈短路或绝缘介质损伤，稳态工作时，导致变压器内部产生较大的发热功耗，控制器一直检测到较大的功率输出，控制器在检测到较大稳态功率输出时，如果这个较大的稳态功率（约大于700VA）持续超过120s，控制器将断开功率输出，并锁定等待故障排除。

（3）变压器故障原理分析。通过对变压器返厂进行局部放电和通电测试，发现损坏的变压器局部放电点电压低于5kV，通电测试时，在6min内出现内部烧蚀冒烟现象。对疑似故障点进行解剖分析，发现变压器高压输出侧出现裂缝，并出现明显的烧蚀特征，如图5-21所示。

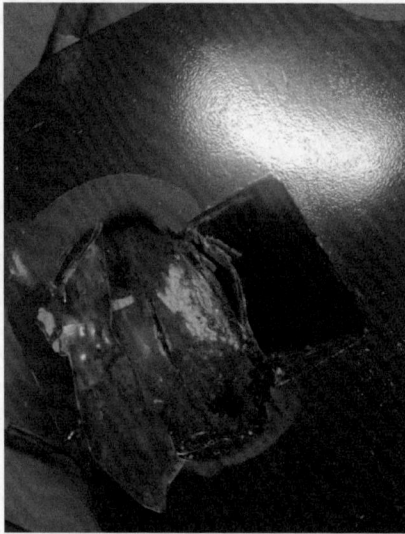

图 5-21 故障变压器解剖图

3. 整改措施

现场更换了一台新的升压变压器，并断开另一台故障变压器的电源线，暂时采用3台充电机为储能电容充电，根据现场实测3台充电机给电容充电时15min以内即可充满。

7月26日，对现场的一台故障变压器进行更换，并对正极性和负极性的8

台变压器工作状态进行监控，具体方法是采用交流电流表对每台变压器均流特性进行对比评估，由于变压器局部放电或匝间短路，会引起输入功率异常增加，对存在均流误差大的变压器进行更换。

考虑上述对升压变压器潜在问题的预估，制订了第二种解决方法：定制功率和耐压裕度更大的变压器，采用全桥整流结构为电容充电，全桥结构的优点在于不存在磁通偏移问题，在保障充电效率不降低的前提下，升压变压器更加可靠，对电容浮充电期间损耗低，温升小，全桥整流结构变压器如图 5-22 所示。该解决方案需要重新规划变压器的安装位置和整流结构，由于输出绕组端间电压较低，长期工作条件下，可以有效避免层间绝缘局部放电问题。

图 5-22　全波整流变压器外形图

现场已更换为全桥结构升压变压器，目前耦合负压装置运行正常，未再出现充电回路故障问题。

5.2.3　机械开关故障导致长期禁分禁合故障案例

1. 问题描述

2020 年 7 月 6 日 6：05：37，负极断路器合闸允许信号频发后复归，信号终止在负极线禁分禁合长期出现。第 7 号机械开关内部有两通道储能电容充电电压跌落至 0V，充电失效。

2. 原因分析

第 7 号机械开关内部电源充电异常，对阀塔重新上电后，充电回路仍然出现故障状态。初步分析机械开关内部其中一台电源故障。

通过上塔排查，发现充电机内部第 3 和第 4 号电容充不上电，内部 2 号充电机电源指示灯熄灭。由此判断为充电机电源故障，检查充电机熔断器，熔断器内部熔丝已经断开。

打开充电机进行检修，发现充电机内部低压电源电路中一个瞬态电压抑制二极管（TVS）（浪涌保护）二极管短路，导致充电机控制电路供电异常。由于二极管处于长时间短路状态，供电回路功耗持续增加，导致输入熔断器断路，故障部分电路原理如图 5-23 所示。

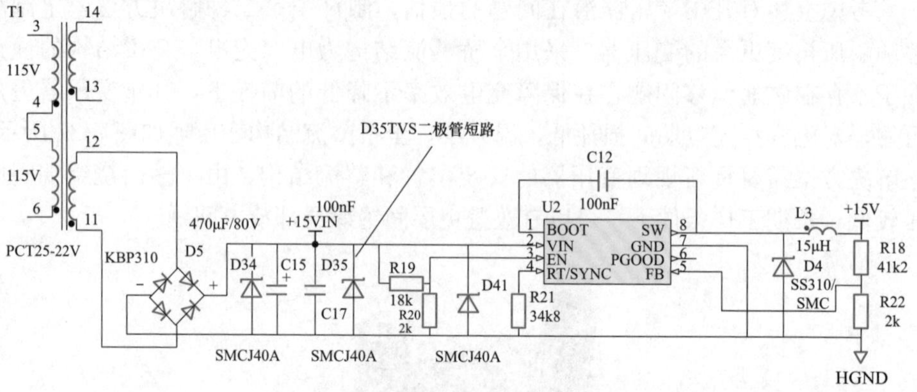

图 5-23　充电机原理图（D35 短路）

　　根据出现电源故障的时间点分析，在损坏时刻该断路器未进行任何操作，电源工作在稳定状态，按照 TVS 器件的原理，理论上只要加在其两端的反向电压不超过击穿电压，TVS 器件就能长期工作，而这次损坏出现在电源稳定期间，应不属于浪涌损坏，而是 TVS 器件自身缺陷原因损坏导致电源故障。

　　器件内部黏接界面空洞、台面缺陷、表面强耗尽层或强积累层、芯片裂纹和杂质扩散不均匀等是引发 TVS 短路失效的内在质量因素。这些缺陷在电场作用下可能在 PN 结结点附近汇聚，管芯散热困难，造成热电应力集中，产生局部热点，造成短路。

　　据此推断该 TVS 二极管本身存在性能离散性（包括芯片裂纹损伤、内部 PN 结缺陷、台面缺陷等）缺陷损坏。

　　3. 整改措施

　　用新的充电机替换了损坏的充电机，并对损坏的充电机进行详细检查和充电供能测试，测试过程中没有发现其他部件损坏。系统出现了一台充电机 TVS 器件故障，初步判断为 TVS 器件离散性问题（包括芯片机械裂纹损伤、内部 PN 结缺陷、台面缺陷等）导致，如再次出现类似故障，将重新评估使用条件。

　　5.2.4　耦合负压装置过压告警故障案例

　　1. 缺陷概述

2022 年 1 月 8 日，S3 换流站 L34 线负极高压直流断路器负压耦合回路电容过压告警。

　　2. 原因分析

　　全桥充电系统采用 A/B 套 1＋1 冗余电路方案实现，除电压反馈测量在同一个采样电阻上采集外，其他电路是完全独立的，两套充电控制系统和功率回路可独立运行。由于 B 套系统检测到电压超压现象在 30ms 复归，可以判断该现象为 B 套采样系统采集到的干扰信号。

3. 整改措施

（1）年检期间，升级耦合负压装置程序，将滤波平均值定值在程序上进行修改，采用中间值采集算法结合原有的平均值滤波来防止出现采集到干扰信号导致误报。

（2）在设计阶段，对于易受干扰信号增强滤波、减小干扰源等手段减小对于设备控制保护功能的干扰。

5.2.5 本体保护 B 报差动保护动作故障案例

1. 问题描述

2020 年 6 月 7 日，L34 线正极高压直流断路器本体过流保护装置报差动保护信号，经过查看录波发现主支路 B 套 OCT 传感环采集电流值为 0。

2. 原因分析

如图 5-24 所示，直流断路器在总线路、主支路、转移支路分别布置 3 个 OCT，每个 OCT 含 4 套独立的 OCT 传感环进行电流测量并上送至 4 套独立电流采集装置，其中一套为热备用。

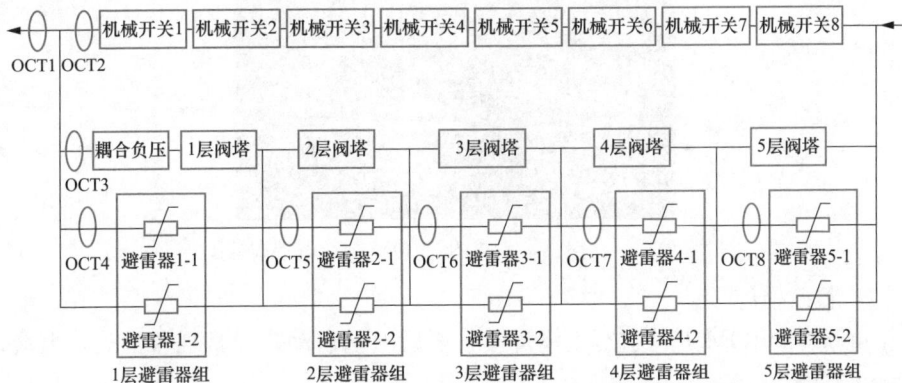

图 5-24 高压直流断路器 OCT 布置图

OCT1，OCT2，OCT3—4 个独立的一次传感光纤环（含热备用）；OCT4～OCT8—两个独立的一次传感光纤坏

4 套电流采集装置将采集到的电流分别传送给 4 套本体过电流保护装置，每套本体过电流保护装置将收到的 OCT1～OCT3 电流值进行独立的电流差动保护计算，计算策略为 OCT1－（OCT2＋OCT3）＞500A 则触发差动保护，触发的差动保护信号经"三取二"设备出口。本次主支路 B 套 OCT 采集电流为 0，当时试验时实际线路电流和主支路电流应为 700A，转移支路无电流，因主支路 B 套 OCT 采集电流为 0 导致差动电流为 700A＞500A，B 套本体保护报差动保护，其余

A 套和 C 套本体保护装置未报差动保护信号，断路器整体差动保护信号未出口。

为保证调试试验进度，当天临时启用主支路 D 套备用电流采集装置代替 B 套电流采集装置进行试验，电流采集无问题。

试验后 6 月 17 日集中消缺时，经过测试发现主支路 B 套电流采集单元的电流采集板卡有问题，导致电流输出为 0，对采集单元中的采集板卡进行更换后电流测量值正确，且在 168 带负荷期间查看录波，录波显示主支路电流和总电流均为 62A，也验证更换板卡后电流采集无问题。

对故障板卡进行检测，使用在线逻辑分析仪观察电流输出，电流值在 0～1 之间变化，与现场现象一致。进一步分析发现数据在解调过程正常，在数据运算时出现异常，即对原始数据进行比差标定计算时出现异常。仔细检查电路板，发现存储标定系数的 PROM 芯片引脚有疑似虚焊现象，如图 5-25 所示，在传感器启动时读取 PROM 参数可能导致读取异常，获取非法数据，导致最终电流数据运算出错，只输出数字量 0 和 1。

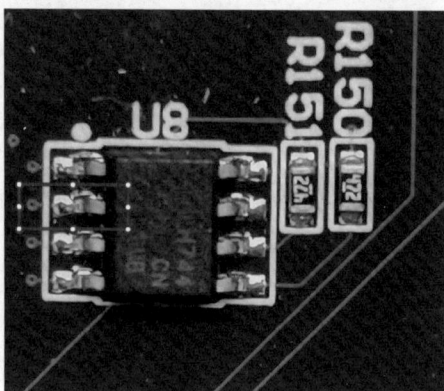

图 5-25　存储标定系数的 PROM 芯片引脚虚接图

3. 整改措施

重新对 PROM 芯片进行上锡焊接，之后上电启动，异常现象消失，电流值能够正常输出。

5.2.6　供能柜过负荷保护跳闸故障分析

1. 问题描述

2020 年 6 月 22 日，张北工程试运行期间 S 换流站负极阜诺直流断路器报出负压回路严重故障、禁分禁合长期出现。

2. 原因分析

经检查负极柜 A 控制器的过负荷保护定值设置为 170A 3s；B 控制器的过负荷保护定值设置为 50A 3s。设备正常运行状态下，输出电流有效值约为 60A。

A 控制器工作状态下，B 控制器的保护功能无效；当 A 控制器状态切换为备用时，B 控制器的保护功能开启，按 50A 3s 保护动作退出。

B 控制器因上次消缺更新程序，并进行保护动作功能验证后，未恢复到正常定值，导致本次 B 控制器工作状态切换为有效时按 50A 3s 保护动作退出。

经过排查，A 控制器于 21 日报出"与备用控制器通信状态动作"信息，表示 B 控制器到 A 控制器的通信发生过故障，但由于 A 控制器当时在工作状态，此故障不做处理，如图 5-26 所示。

2020/06/22 11:18:47.072	主断路器QF状态 <复归>	送能开关
2020/06/22 11:18:47.029	装置启动成功 <复归>	送能开关
2020/06/22 11:18:47.028	旁路接触器KM状态 <复归>	送能开关
2020/06/21 20:51:35.958	与备用控制器的通信状态 <动作>	送能开关

图 5-26   B 控制器接收 A 控制系统通信故障图

随后 B 控制器检测到 A 控制器通信异常，切换至 B 套，又因为 B 套开关保护定值为 50A 3s，小于实际运行电流，导致开关柜开关跳开。

因此，本次供能柜退出运行状态的原因是，A 到 B 控制器的通信异常，B 控制器切换为工作状态，按 50A 3s 保护定值执行保护，结果是供能柜保护退出运行状态。

3. 整改措施

对供能柜控制系统进行优化：将 A/B 两套控制系统状态区分为值班、备用与故障三种。保护系统状态仅分为值班/故障两种，并增加相应的通信通道。处于故障状态的系统不执行保护与控制出口，同时故障控制系统在故障恢复后可重新恢复至值班或备用状态。

5.3　机械式高压直流断路器典型故障案例

5.3.1　第一次合闸失败故障案例

1. 问题描述

2020 年 5 月 15 日 20：59：39，S4 换流站负极阀厅带电调试，换流阀充电至 -500kV 电压后，直流站控系统执行一键顺控操作：先进行高压直流断路器两侧隔离开关合闸操作，然后进行高压直流断路器合闸操作。在负极高压直流断路器合闸过程中，断路器告警合闸失效断口超冗余（合闸时，断路器冗余断口数量为 0，即不允许有合闸失败断口，断路器断口冗余只对故障时断口处于短路状态的断口适用），并同时进行自保护逻辑，断路器开始分闸操作，断路器上报合闸失败。

5 月 16 日 15：46：30，同样系统工况下进行高压直流断路器一键顺控操作，高压直流断路器再次合闸失败。

2. 原因分析

（1）录波检查分析。

1）机械开关收到合闸指令后，在合闸的过程中，高压直流断路器主支路出现峰值约 2kA，脉宽 $60\mu s$ 的脉冲电流，如图 5-27 所示。

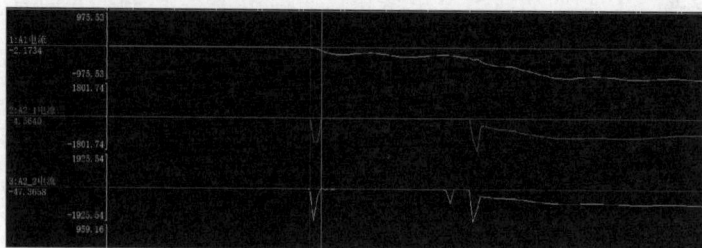

图 5-27　一次回路中出现的脉冲电流

2）在脉冲电流对应的位置，发现后台记录的开关位置信号发生明显的抖动，如图 5-28 所示，说明此时刻外部有很强的电磁干扰。

图 5-28　脉冲电流对位置信号的干扰

通过对后台录波分析，发现断口 3 被干扰后，误触发分闸晶闸管，导致直流断路器断口 3 分闸 1 电容开始放电，使已处于合位的断口 3 进行了分闸操作，断口 3 由合位向分位运动，导致合闸失败，如图 5-29 所示。

图 5-29　断口 3 晶闸管被误触发，分闸电容放电

（2）故障仿真分析。

1）电流脉冲来源。电流脉冲仿真波形如图 5-30 所示，峰值 8.0kA，脉宽约 10μs，偏差可能是由于 TA 采样频率（100kHz）不足引起。

高压直流断路器缓冲电容在该系统调试工况下，合闸前已充电至 500kV，在高压直流断路器关合过程中，主支路导通后缓冲电容瞬时放电产生了该电流脉冲。

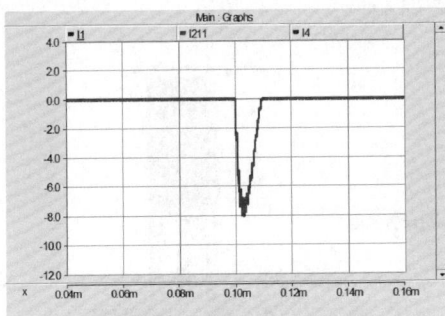

图 5-30　脉冲仿真波形

2）晶闸管干扰原因。

a. 平台参考电位抬升。如图 5-31 所示，平台电位参考点与斥力机构箱在一次回路上有约 0.5m 的距离。在图 5-32 所示脉冲电流下，两点间产生了瞬时 9.2kV 的电压差，该电位的波动引起了驱动柜参考地电位的波动。

图 5-31　平台电位与机构箱电位点

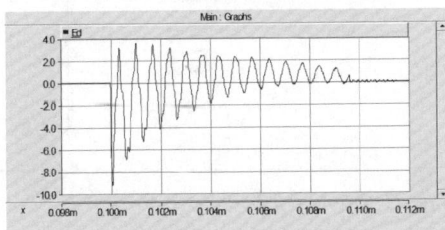

图 5-32　平台与机构箱间的电位差

173

b. 空间干扰路径。机械开关斥力线圈和斥力盘之间的位置关系如图 5-33 所示，机构箱与斥力盘直接连接，斥力盘与斥力线圈间构成一个平板电容。斥力线圈与驱动电缆连接，斥力线圈与驱动回路的电气关系如图 5-34 所示。机构箱与平台间的电位差通过斥力线圈耦合至驱动电缆，并通过驱动电缆向驱动柜控制回路传播。仿真的晶闸管阴极与驱动柜参考地电位的电压差如图 5-35 所示，该电压波动引起晶闸管误触发。

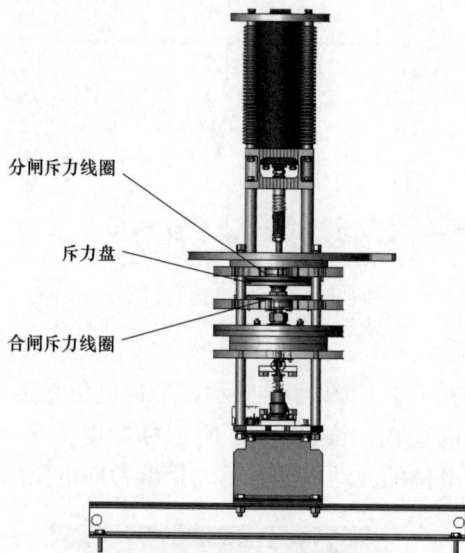

图 5-33　斥力盘与斥力线圈位置关系

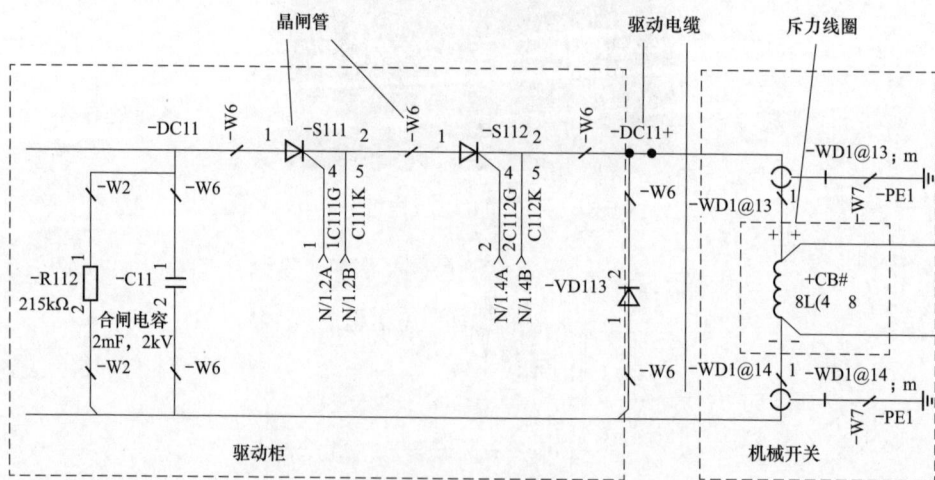

图 5-34　驱动柜电气原理图

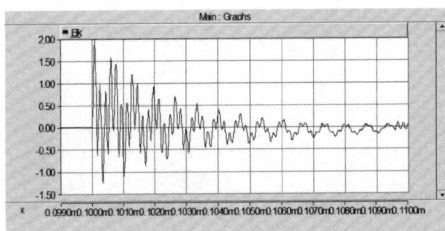

图 5-35　晶闸管阴极波动电压

3）2 次断口 3 误触发的原因。主支路第 1、3、5 层平台机械开关布置结构一致，且机械开关离驱动柜远，距离约 3m；第 2、4、6 层平台机械开关布置结构一致，且机械开关离驱动柜近，距离约 1m。问题断口 3 处于主支路第 2 层平台，结构布置上与第 4、6 层机械开关一致，并无区别。断口 3 容易被误触发，可能是由于其抗干扰能力相对弱。

3. 整改措施

（1）措施一：减小干扰源，如图 5-36 所示，将快速机械开关机构箱与平台用导电排连接，使机构箱电位点与平台等电位，减小二者瞬时电压差；同时对于无 TA 连接的断口，增加了跨接横排，降低暂态电感（对于有 TA 的断口，为了避免横排对主支路 TA 的分流，未增加跨接横排）。

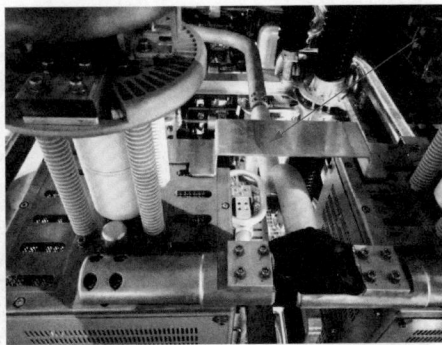

图 5-36　增加的接地排及跨接横排（非 TA 层）

仅增加接地排与同时加接地排与跨界横排对干扰源的抑制效果仿真对比情况如图 5-37 所示，仅增加接地排机构箱电压抬升降至 6.7kV，干扰源强度降低 26%。同时，加接地排与跨界横排机构箱电压抬升 2.2kV，干扰源强度降低 72%。

（2）措施二：减弱空间干扰进入驱动线的干扰信号，在晶闸管阴极与门极间增加吸收电容，降低瞬态干扰电压下驱动信号间的电压波动。

175

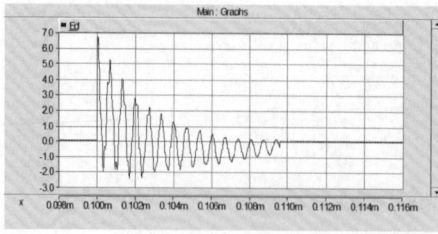

(a) 仅增加接地排机构箱电压抬升波形   (b)同时加接地排与跨界横排机构箱电压抬升波形

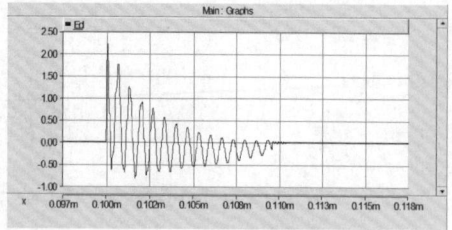

图 5-37　采取措施一后机构箱电压抬升情况

同时采取两种措施，进行了连续 20 次关合试验验证，无合闸失败情况发生。

5.3.2　快分失败后自保护合闸失败故障案例

1. 问题描述

2020 年 7 月 6 日进行张北 500kV 柔性直流电网进行系统优化试验时，阜诺线负极 0522D 处于合闸位置。如图 5-38 所示，23：10：57：435 负极 0522D 断路器接收到直流站控快速分闸，断路器正确动作分闸，并上送快分成功信号。23：10：57：468 负极 0522D 断路器又接到直流站控慢分指令，1.52ms 后断路器控制系统判别出慢分失败，自保护启动合 2 回路，合闸执行并且所有断口位置均为合位，但是上报合闸失败信号。

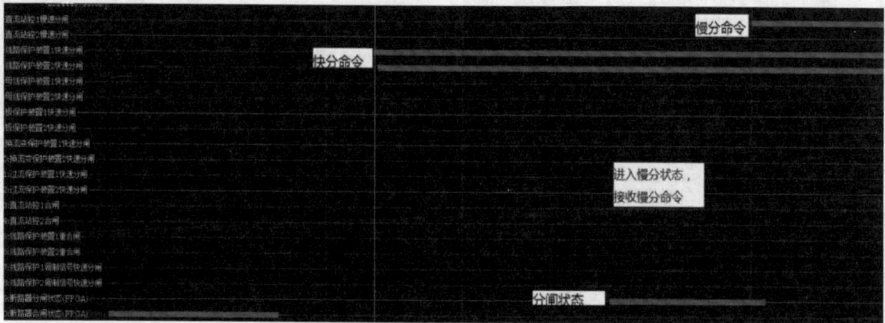

图 5-38　高压直流断路器快分时录波截图

2. 原因分析

高压直流断路器在 0～3ms 内能够判断出断路器分闸失败，断路器动作逻辑如图 5-39 所示。

高压直流断路器集控单元在执行直流站控快速分闸动作时将分闸执行动作指令延展 50ms（以满足后续逻辑判别，且认为 50ms 内站控不会下发慢分指令），在第一次站控快分完成后，断路器处于分闸状态，并且进入禁止慢分和禁

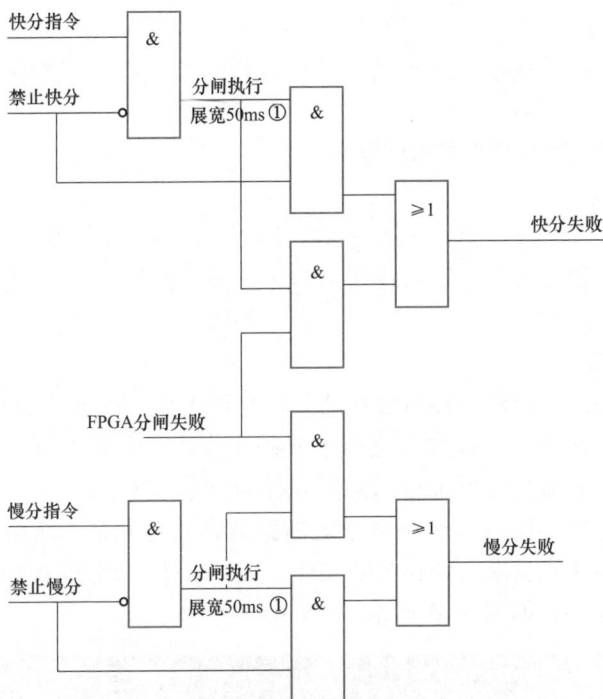

图 5-39　高压直流断路器分闸失败判断逻辑图
①—分闸执行为同一个标志位

止快分状态；26.7ms后又接收到慢分指令，此时由于上一次的分闸执行动作并未返回，而断路器又处于禁止慢分状态，所以会立即上送慢分失败，并立即执行断路器自保护合闸。

如图 5-40 所示，自保护合闸执行成功后，因为直流线路保护快分指令一直存在，导致断路器合闸后判断断路器合闸失败，但是最终断路器处于合闸状态。

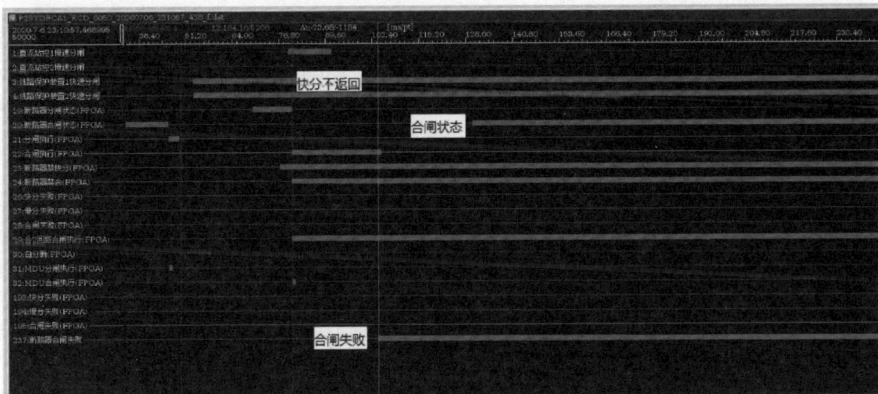

图 5-40　合闸成功后快分指令未返回导致合闸失败录波截图

3. 整改措施

经过程序升级，在接到分合闸指令后进行自锁定，不在相应直流控制保护的分合闸命令。

5.3.3 第二次合闸失败故障案例

1. 问题描述

2020年9月5日9：42，正极高压直流断路器在接到合闸指令，执行合闸后报合闸失败，监控后台报"阜诺线0512D断路器_合闸失败""阜诺线0512D断路器_自分断"等命令。

2. 原因分析

（1）根据高压直流断路器后台录波分析，10号断口合闸状态异常：断口10在执行合闸后，在所示①处自行进行了分闸操作，在②处又开始向合闸位置反弹，在③处高压直流断路器进行断路器整体合闸状态检测时，10号断口信号不处于合闸位状态，高压直流断路器判定断路器合闸超冗余，断路器启动自保护分闸，执行了高压直流断路器自分断操作，而断口10自分断操作未成功，依然反弹至合闸位置④，如图5-41所示。

图 5-41 10号断口位置状态异常记录

通过异常发生后监控后台记录的驱动电容电压波形分析，10号断口分闸2电容有放电，断口10在①处自行分闸操作为该电容放电引起。

（2）根据高压直流断路器分闸缓冲器恢复特性，在快速机械开关合闸后10ms再次进行分闸操作，分闸缓冲器的特性还未完全恢复，有一定概率发生一分就合的现象，断口10在②处分闸反弹由此引起。

高压直流断路器发自分断指令时（③处），断口10动触头在有效开距外，此时斥力盘间运动到中间位置，距离分闸线圈较远，该距离下，分闸线圈在斥力盘产生的斥力很小，不足以改变动触头的运动状态，断口10依旧反弹至合闸位（④处）。

综上所述，本次合闸失败主要原因为断口10在①处异常行为，进而导致其在后续的一系列异常动作。

（3）高压直流断路器在端间有500kV电压差进行带电合闸时，会在主支路有瞬时脉冲电流,该电流易引起驱动柜晶闸管的误触发。针对此异常采取机构箱增加接地排的措施,同时对于无 OCT 连接的断口,增加了跨接横排,降低暂态电感。而对于有 OCT 的断口,为了避免横排对主支路 OCT 的分流,未增加跨接横排。

(4) 10 号断口位于有 OCT 层,未安装跨接横排,瞬时电磁干扰相对较强,高压直流断路器带电合闸时的瞬时电磁干扰,引起断口 10 分闸 2 触发晶闸管误触发,使断口 10 再次分闸,从而导致本次的合闸失败。

3. 整改措施

(1) 对于有 OCT 层的断口,增加跨接横排,减弱该层的电磁干扰强度。

(2) 对主支路 OCT 进行分流比校验。

4. 影响分析

(1) 安装横排对高压直流断路器本身运行无影响,非 OCT 层已安装了跨接横排。

(2) 跨接横排对 OCT 分流的影响通过分流系数进行修正(分流计原理),该分流系数主要由 OCT 所在回路及横排回路的导体直流电阻决定(几十微欧),对主通流回路接触电阻有严格的工艺控制(单个接触面 $0.5\mu\Omega$ 内),接触电阻对分流系数的影响可忽略。

(3) 跨接横排与 OCT 通流回路阻抗特性更匹配,能进一步减弱 OCT 环流,不会引起分闸失败误判。最苛刻工况下仅增加接地排与同时加接地排与跨界横排各通流支路暂态电流情况仿真结果如图 5-42 和图 5-43 所示:仅加接地排,25kA 开断 OCT 环流起始最大值 1.68kA;加接地排与跨界横排,OCT 环流起始最大值降低至 0.79kA。

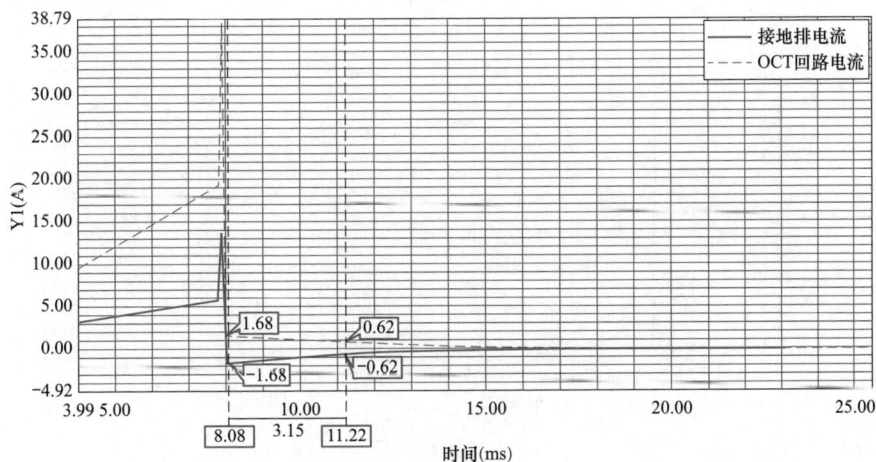

(a) 反向25kA开断

图 5-42　仅加接地排暂态开断电流通流情况(一)

(b) 正向25kA开断

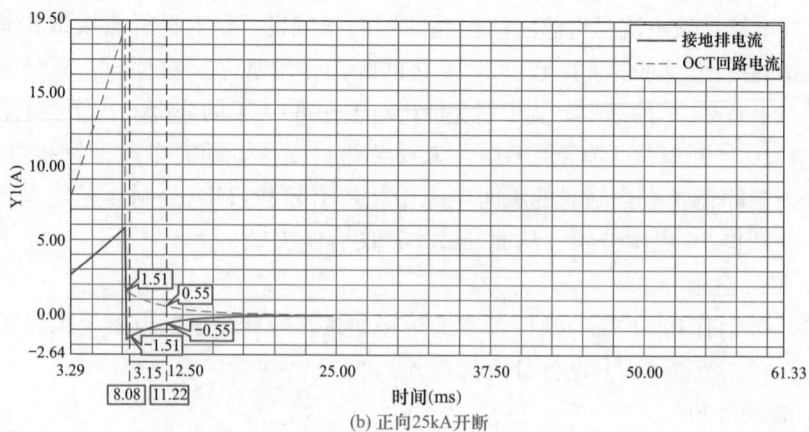

图 5-42　仅加接地排暂态开断电流通流情况（二）

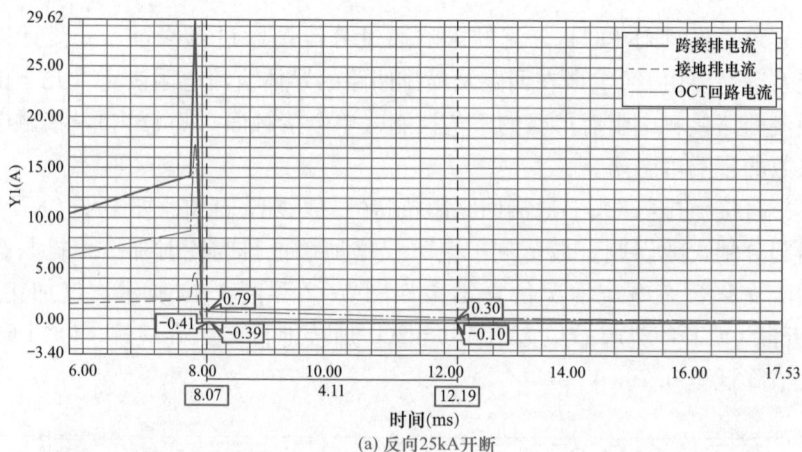

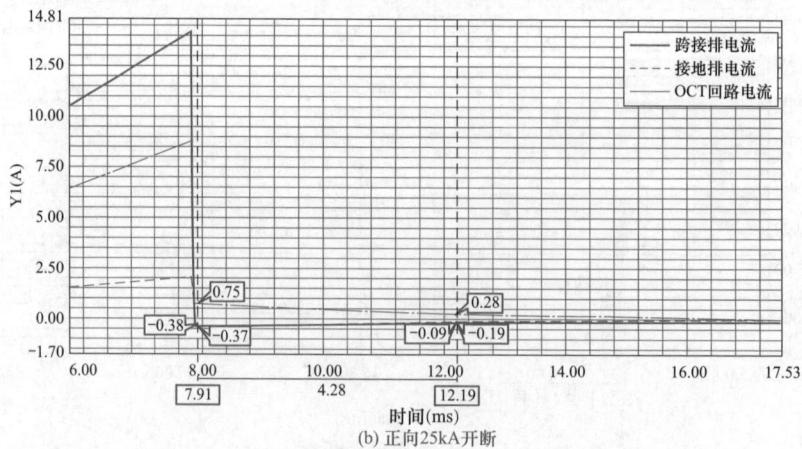

(a) 反向25kA开断

(b) 正向25kA开断

图 5-43　加接地排与跨界横排各支路暂态电流情况

5. 结论

直流保护系统发出快分指令 3ms 后，持续检测线路电流下降趋势，如发出快分指令 6.5ms 后还未出现电流下降，则启动高压直流断路器的失灵保护。

高压直流断路器通过主支路 OCT 分闸电流保护功能，对于 3kA 以上故障电流快分失败，分闸后 3ms 内即上报断路器失灵，直流控保随即启动失灵保护。

如退出主支路 OCT 分闸电流保护功能，则大电流分闸失败需依赖直流控保系统的失灵保护，该保护响应时间上延时了 3.5ms，对高压直流断路器大电流分闸失败的保护不确定风险大，故不采取退出主支路 OCT 分闸电流保护功能的方案。

5.3.4　直流断路器驱动柜电子变压器异常故障案例

1. 问题描述

2020 年 1 月以来，S4 换流站负极直流断路器多个断口的分/合闸线圈驱动电压先后发生异常，对应分合闸线圈电容供能的电子变压器均发生烧毁故障。5 月份集中消缺期间，对所有分合闸线圈电容供能电子变压器进行了全部更换。6 月 9 日出现电子变压器烧毁，7 月 6 日、7 月 27 日、7 月 30 日再次发生电子变压器烧毁，烧毁的电子变压器如图 5-44 所示。

图 5-44　烧毁的电子变压器

2. 原因分析

通过对异常变压器的解体分析、厂内对变压器二次侧直接短路和部分短路试验复现，确定异常原因为变压器二次侧绕组短路引起，如图 5-45 所示。

图 5-45　二次侧线圈端部匝间短路

181

通过耐久性试验及对耐久性试验中出现异常的变压器解体分析后，确定变压器二次侧短路由变压器层间端线圈错层，引起线圈局部放电，长期局部放电引起漆包线绝缘恶化，逐步发展至层间短路、二次侧整体短路。

二次侧线包采用自动绕线机，端圈绝缘在绕线前就全部完成，导致层绝缘只能与线包同宽而无法延伸到端圈内部与骨架同宽。二次侧线包线径为0.19mm，线径较细，线匝绕到端部时易使线匝嵌入端圈与线包的缝隙中，导致线匝端部错层。在对正常变压器的拆解过程中发现有部分线匝的下降层数达到4～5层，电子变压器内部结构如图5-46所示。

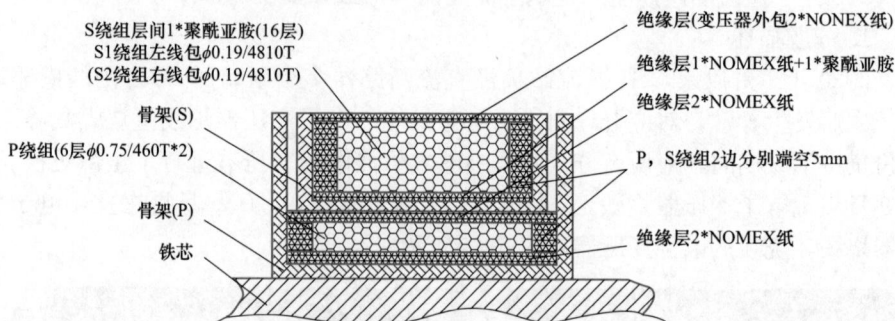

图 5-46 电子变压器内部结构

3. 整改措施

二次侧层绝缘由原先的与线包同宽调整为与骨架同宽：端圈材料改为厚度为0.09mm聚酰亚胺胶带（两层厚度基本与线匝同高），每层线包先在两边绕包5mm宽的胶带2层后绕线，绕线完成后外包一层与整个骨架齐宽的聚酰亚胺薄膜后继续绕下一层线层。导体线圈在端部绕制时，上一层线圈相对下一层线圈缩减2～3圈。优化前后的电子变压器剖面绕线工艺示意图如图5-47所示。

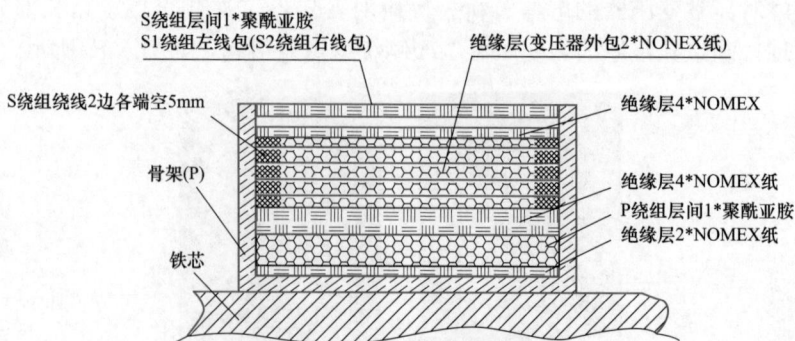

图 5-47 优化前电子变压器剖面绕线工艺

对变压器的空载电流、空载损耗、直流电阻进行测量并严格控制，并控制变压器局部放电水平，对变压器进行严格的筛选。对每台变压器进行 1.5 倍电压（100Hz），持续 48h 的空载感应耐压后，复测其空载电流、空载损耗及直流电阻，合格后再安排出厂。

5.3.5 高压直流断路器过电压故障案例

1. 问题描述

2020 年 12 月 24 日，S4 换流站接到协控优化指令后，在负极直流断路器执行慢分指令过程中，负极直流母线电压过电压，直流端间过电压保护三段动作，现场录波如图 5-48 所示。

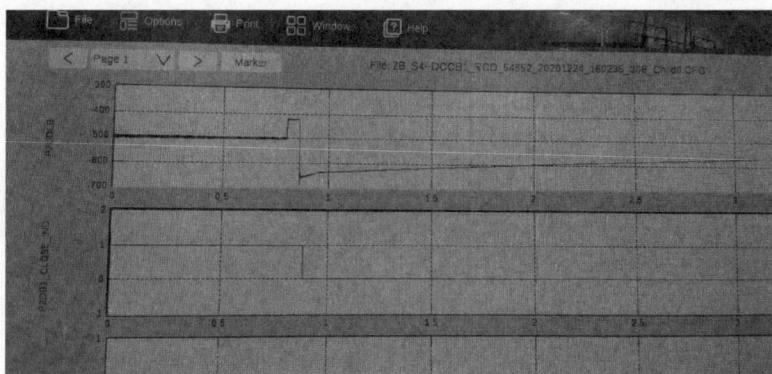

图 5-48 现场直流母线电压录波波形

2. 原因分析

当时的分闸工况为：直流断路器两端的换流阀已闭锁，线路处于空载带电压、无电流状态。

机械式直流断路器分闸时，先分闸主支路机械开关，机械开关运动到有效开距时，触发转移支路导通。由于线路无电流，触发 IGCT 导通时主支路已处于断开状态，转移支路的储能电容、电感不能与主支路形成闭合的振荡回路，转移支路储能电容电压会施加在断路器断口两端。

由于换流阀闭锁，直流母线对地电容 C1 相对较小（约纳法级），直流断路器储能电容、极线对地电容 C2 均在微法级，且极线对地电压 $-U$（闭锁后线路残余电压）极性正好与直流断路器储能电容电压极性叠加，快速给 C1 充电，从而引起直流母线瞬时电压的快速抬升，抬升电压幅值约至 $-(U+250)$kV，其等效原理如图 5-49 所示。

3. 整改措施

调整负极直流断路器整流二极管的方向，改变电容充电极性。改变后极线

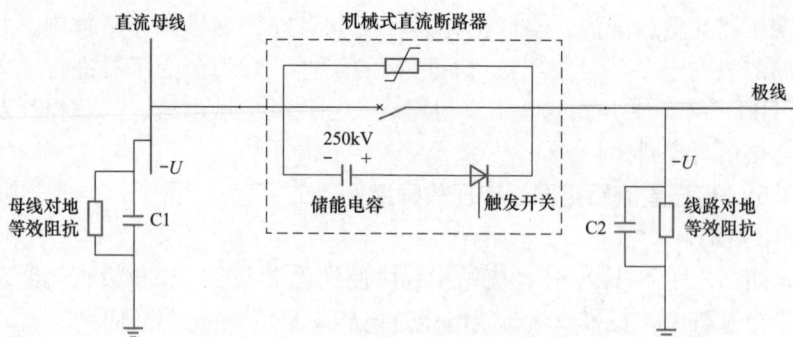

图 5-49　换流阀闭锁、线路空载时直流断路器分闸等效电路图

对地电压$-U$极性则与直流断路器储能电容电压极性相消，分闸时直流母线瞬时电压会快速下降，下降电压幅值约至$-(U-250)\text{kV}$，如图 5-50 所示。

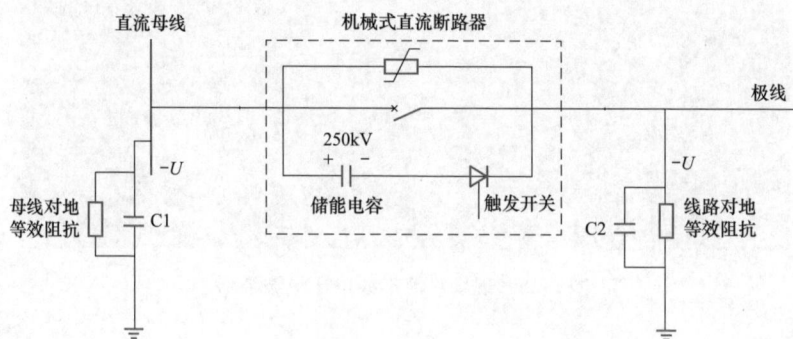

图 5-50　电容电压极性调整后电压叠加原理

5.3.6　高压直流断路器合闸后避雷器异常故障案例

1. 问题描述

2020 年 6 月 6 日 21：42：05，S4 换流站负极高压断路器接收到合闸命令执行合闸后启动避雷器状态监测，现场装置在合闸执行后第 14ms 判断出第 12 层避雷器损坏，同时出现避雷器损坏总告警动作；在第 16ms 又判断出第 5 层避雷器损坏，DCBC 判断出两层避雷器损坏，启动断路器故障告警，闭锁断路器，现场录波如图 5-51 所示。

2. 原因分析

高压直流断路器控制系统"高压直流断路器集控单元（BCU）"设置经控制字控制的避雷器状态监测功能，避雷器动作电流系数定值设为 0.4，根据这个系数计算出保护定值设定电流 I_{set1}，A_{3_x} 代表耗能支路电流，3 的意思是直流断路器的耗能支路，x 对应的是耗能支路的某一层，如式（5-1）所示。

184

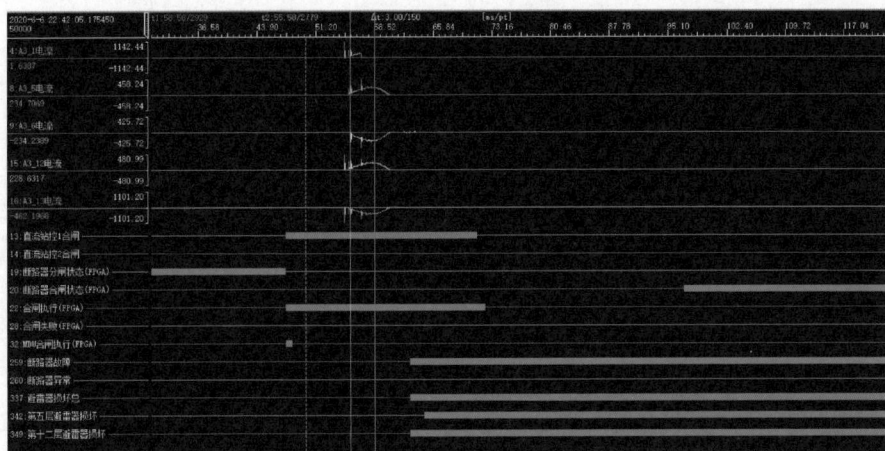

图 5-51　故障录波图（浅蓝色至紫色曲线对应连续 3ms 满足故障电流条件值）

$$I_{\text{set1}} = \frac{A_{3\_1} + A_{3\_13}}{2} \times 0.4 \tag{5-1}$$

其中，告警延时定值设置为 3ms。在"避雷器状态监测"控制字置 1 后，DCBC 装置在收到分闸或合闸指令（设计应仅为分闸时）到指令收回后 100ms 内，投入避雷器状态监测功能。

耗能支路共 13 个电流测点，配置 13 个纯光学式 OCT，其中首端 A3_1、末端 A3_13 各配置 1 个，耗能支路中配置 11 个，如图 5-52 所示。

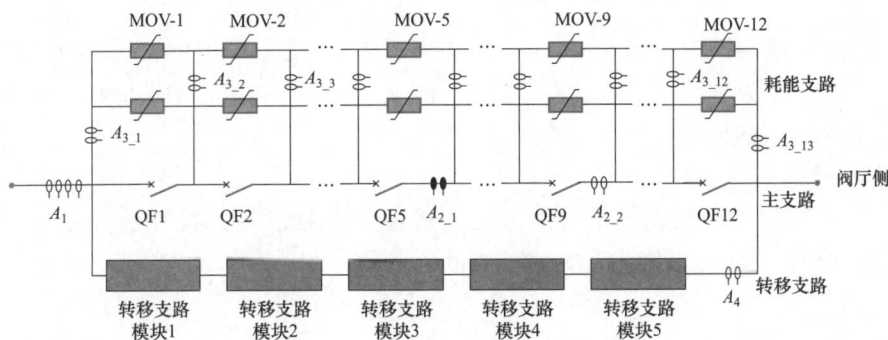

图 5-52　直流断路器 OCT 配置图

耗能支路避雷器故障判据如式（5-2）所示。

$$|I_{\text{TA}x}| > I_{\text{set1}} \ (x = 2,\ 3,\ \cdots,\ 12) \tag{5-2}$$

根据监测出的 OCTx 是否大于定值来判断避雷器损坏的区域，参考表 5-2，并告警"××层避雷器损坏"。

185

表 5-2 避雷器损坏判断真值表

OCT1	OCT2	OCT3	OCT4	OCT5	OCT6	OCT7	OCT8	OCT9	OCT10	OCT11	OCT12	OCT13	结果
1	1												L1 坏
	1	1											L2 坏
		1	1										L3 坏
			1	1									L4 坏
				1	1								L5 坏
					1	1							L6 坏
						1	1						L7 坏
							1	1					L8 坏
								1	1				L9 坏
									1	1			L10 坏
										1	1		L11 坏
											1	1	L12 坏

避雷器状态监测逻辑框图如图 5-53 所示。

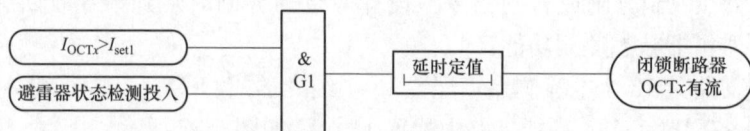

图 5-53　避雷器状态监测逻辑图

如果只有一层避雷器损坏，DCBC 告警，请求检修，同时闭锁对应断口的分闸、合闸；如果有两层或两层以上避雷器损坏，DCBC 告警，请求检修，同时闭锁整台断路器的分闸、合闸。

3. 整改措施

根据系统要求和设计，仅需要在分闸过程中对避雷器状态进行监测，对 DCBC 升级，取消合闸操作时对避雷器状态监测。

参 考 文 献

[1] 许剑. 国际能源转型的技术路径与中国的角色 [J]. 云南大学学报（社会科学版），2018，v.17；No.96 (03)：138-146.

[2] 周吉平. 全球能源转型与中国全面深化改革开放 [J]. 国际石油经济，2019，27 (01)：42-50.

[3] 李昕蕾. 全球清洁能源治理的跨国主义范式——多元网络化发展的特点、动因及挑战 [J]. 国际观察，2017 (6)：137-154.

[4] 李春梅. BP世界能源展望（2018年版）发布 [J]. 中国能源，2018，40 (4)：47-47.

[5] 饶宏，李立涅，郭晓斌，等. 我国能源技术革命形势及方向分析 [J]. 中国工程科学，2018，20 (03)：17-24.

[6] 王英楠，高旭天. 为能源经济注入新动能 [J]. 实践（党的教育版），2018，No.677 (4)：17-19.

[7] 张博庭. 我国水电发展迎来重大政策利好 [J]. 水电与新能源，2018，32 (1)：1-4.

[8] 汤广福，罗湘，魏晓光. 多端直流输电与直流电网技术 [J]. 中国电机工程学报，2013，33 (10)：8-17.

[9] 魏晓光，杨兵建，汤广福. 高压直流断路器技术发展与工程实践 [J]. 电网技术，2017 (10)：91-99.

[10] 张翔宇，余占清，黄瑜珑，等. 500kV耦合负压换流型混合式直流断路器原理与研制 [J]. 全球能源互联网，2018，1 (4)：413-422.

[11] 丁骁，汤广福，韩民晓，等. IGBT串联阀混合式高压直流断路器分断应力分析 [J]. 中国电机工程学报，2018，36 (6).

[12] 高阳，贺之渊，王成昊，等. 一种新型混合式直流断路器 [J]. 电网技术，2016，40 (5)：1320-1325.

[13] 彭发喜，汪震，邓银秋，等. 混合式直流断路器在柔性直流电网中应用初探 [J]. 电网技术，2017，41 (7)：2092-2098.

[14] 李斌，何佳伟. 多端柔性直流电网故障隔离技术研究 [J]. 中国电机工程学报，2016 (1)：87-95.

[15] 李莉. 混合式高压直流断路器换流特性和开断性能研究 [D]. 西华大学，2018.

[16] MarquardtR. Modular multilevel converter：an universal concept for HVDC-networks and extended dc-bus-applications [C] /2010 International Power Electronics Conference (IPEC). Sapporo, Jpan：2010：502-507.

[17] Grain A, Ahmed K, Singh N, et al. H-bridge modular multilevel converter (M2C) for high-voltage applications [C] //21st International Conference on Electricity Distribution. Frankfurt, Germany：CIRED, 2011.

[18] Li Xiaoqian, Liu Wenhua, Song Qiang, et al. An enhanced MMC topology with DC

fault ride-through capability ［C］//39th Annual Conference of the IEEE Industrial Electronics Society. Vienna：IEEE，2013：6182-6188.

［19］张建坡，赵成勇，孙海峰，等．模块化多电平换流器改进拓扑结构及其应用［J］．电工技术学报，2014，29（8）：173-179.

［20］于海．直流断路器的现状及发展［J］．电力工程技术，2018.

［21］张祖安，黎小林，陈名，等．160kV超快速机械式高压直流断路器的研制［J］．电网技术，2018，42（7）．

［22］陈名，黎小林，许树楷，等．机械式高压直流断路器工程应用研究［J］．全球能源互联网，2018（04）：423-429.

［23］胡徐铭，王丰华，周荔丹，等．基于可控硅串联技术的新型固态高压直流断路器［J］．电测与仪表，2018，55（5）.

［24］王亮，王子才，张华，等．高压固态断路设备均压技术研究［J］．电气传动，2019，49（02）：76-80.

［25］刘高任，许烽，徐政，等．适用于直流电网的组合式高压直流断路器［J］．电网技术，2016，40（1）：70-77.

［26］郭贤珊，周杨，梅念，等．张北柔直电网的构建与特性分析［J］．电网技术，2018，42（11）.